When Bad Thinking Happens to Good People

How Philosophy Can Save Us from Ourselves

思考，好与坏

如何用哲学拯救你的逻辑与理性

［美］史蒂文·纳德勒 ——— 著
Steven Nadler

［美］劳伦斯·夏皮罗 ——— 著
Lawrence Shapiro

姜昊骞 ——— 译

中国出版集团有限公司

世界图书出版公司
北京　广州　上海　西安

图书在版编目（CIP）数据

思考，好与坏：如何用哲学拯救你的逻辑与理性 /（美）史蒂文·纳德勒，（美）劳伦斯·夏皮罗著；姜昊骞译. — 北京：世界图书出版有限公司北京分公司，2024.1
ISBN 978-7-5232-0321-7

I. ①思… II. ①史… ②劳… ③姜… III. ①逻辑思维 IV. ① B804.1

中国国家版本馆 CIP 数据核字（2023）第 075916 号

When Bad Thinking Happens to Good People by Steven Nadler, Lawrence Shapiro
Copyright © 2021 by Princeton University Press.
All rights reserved. No part of this book may be reproduced or transmitted in any form or by any means, electronic or mechanical, including photocopying, recording or by any information storage and retrieval system, without permission in writing from the Publisher.
版权所有，未经出版人事先书面许可，对本出版物的任何部分不得以任何电子、机械方式或途径复制传播，包括但不限于影印、录制或通过任何信息存储和检索系统。

书　　名	思考，好与坏：如何用哲学拯救你的逻辑与理性 SIKAO, HAO YU HUAI
著　　者	[美] 史蒂文·纳德勒　劳伦斯·夏皮罗
译　　者	姜昊骞
责任编辑	邢蕊峰
特约编辑	何梦姣
特约策划	巴别塔文化
出版发行	世界图书出版有限公司北京分公司
地　　址	北京市东城区朝内大街 137 号
邮　　编	100010
电　　话	010-64038355（发行）　64033507（总编室）
网　　址	http://www.wpcbj.com.cn
邮　　箱	wpcbjst@vip.163.com
销　　售	各地新华书店
印　　刷	天津光之彩印刷有限公司
开　　本	880mm×1230mm　1/32
印　　张	8
字　　数	159 千字
版　　次	2024 年 1 月第 1 版
印　　次	2024 年 1 月第 1 次印刷
版权登记	01-2022-7113
国际书号	ISBN 978-7-5232-0321-7
定　　价	69.00 元

如有质量或印装问题，请拨打售后服务电话 010-82838515

目录

导言　我们的认识论危机 / 01

　　坏思考是一种顽固行为 / 05

　　治疗顽固 / 06

　　理性启蒙 / 07

　　如何思考 / 11

　　哲学是第一步 / 13

第一章　思考，好与坏 / 001

　　认识性顽固 / 006

　　证据在哪里 / 009

　　两种应然 / 012

　　第三种应然 / 018

信念、证成与真 / 024

"你到底为什么相信那呢？" / 027

你证成了吗？ / 030

何种情况下，你有相信的权利 / 033

相信与知道 / 039

再论认识性顽固 / 046

第二章　如何做一个讲道理的人 / 049

形式正确 / 053

如何进行有效论证 / 061

乞　题 / 066

为什么要关心演绎推理 / 069

第三章　思考与解释 / 073

你有多确定 / 075

小样本与假模式 / 079

肯定偏误 / 084

基率谬误 / 093

迈向更好的推理 / 103

第四章 当坏思考变成坏行为 / 105
　　判断失误 / 108
　　差异的相关性 / 112
　　知道该做什么与什么时候该做 / 114
　　论软弱 / 120
　　"我为什么应该这样做？" / 129
　　我们要负什么责任 / 132

第五章 智慧 / 137
　　智慧的德性 / 140
　　思想与实践中的智慧 / 144
　　智慧画像 / 145
　　爱智者 / 151

第六章 哲学生活 / 159
　　知道你在做什么 / 161
　　为生活辩护 / 168
　　知道你知道什么 / 178
　　自我考察 / 181
　　笛卡尔式方法 / 184

本质问题 / 196

　　苏格拉底的智慧（属于人的智慧）/ 197

结语　负责任的思考 / 201

注　释 / 207

参考文献 / 223

致　谢 / 235

导言　我们的认识论危机

出大事了。美国和全球各地的许多人都接受了疯狂以至危险的思想,多到令人警醒。他们相信注射疫苗会导致自闭。他们不相信科学界在气候变化上的共识,斥之为"骗局"。他们认为成群结队的罪犯(用某些政客的话说是"杀人犯和强奸犯")正从南方边境入侵美国。他们将新冠疫情归咎于新兴的 5G 网络。一批打着"匿名者 Q"(QAnon)旗号的阴谋论者宣扬说,有著名政客和电影明星加入了一个食人娈童的小圈子,这场运动的声势越来越大。同时,所谓的"出身怀疑论者"(birther)仍然坚持认为巴拉克·奥巴马是非法总统,因为他不是美国的"自然出生公民"。与此同时,坚持相信 2020 年总统大选的真实胜利者是唐纳德·特朗普的美国公民比例高到令人震惊。

这些信念没有证据支持,反面证据也很容易获得。然而，人们——常常是受过良好教育、聪明、有影响力的人——仍然相信它们。《纽约时报》专栏作家、诺贝尔奖得主、经济学家保罗·克鲁格曼（Paul Krugman）将它们称为"僵尸思想"，即尽管已经被证伪，被批驳，已经"死亡"，但仍然在流传的思想。[1] 更麻烦的是，不管政客自己相信还是不相信，相信这些观点的人都会支持反映了自身疯狂想法的公共政策，并投票给那些承诺会践行这些观点的政客。尤其值得注意的是，坚持这些想法并捍卫相应的政策事实上是违背自身利益的。

这些都是坏思考的实例。我们还可以举出更多例子，还有外国的例子。全世界无数国家的选举、公投、政策、运动都是坏思考蔓延的证据，更不用说各种无辜或有罪的行为了。但是，本书会聚焦于我们最了解的国家，以及与我们共同生活与工作的公民们。

本书将解释为什么坏思考会发生在好人身上。我们会考察为什么那么多人会产生虚假的信念，从而做出错误的行为。他们形成和维护这些观点的方法是错误的，而且他们未能认识到践行这些观点的道德后果，这也是错误的。**认识论**（epistemology）和**伦理学**（ethics）这两门哲学学科能帮助我们理解自身当下所处的艰难、危险境地。认识论探讨的是信念如何证成[①]，知识与单纯的信念又有何区别。伦理学研究的是应当指导行为的道德原理。我们还会提出一条借助种种哲学工具——哲学问题、哲学方法以至上千年来的哲学史中关于如何过上良善、理性、多加考察的生活的建议——摆脱疯狂观念的前进之路。

一条对美国当前事态的简单尽管有些残酷的诊断是：相当比例的人没有在进行理性和负责任的思考。[2]真正的问题不在于没有知识、教育不足、欠缺技能或头脑迟钝。在根据不完备的知识，或者在不掌握必备技能的情况下行动无疑会导致不良后果。但是，这或许是无可厚非的：如果我们确实别无选择，那么在道德上就无可指摘；如果连进一步了解情况都不可能做到，那么甚至在认知上也无可指摘。我们常常只能在不掌握所有事实的情况下行动，全面了解事实或许超出了我们的能力范围；又或者未经过充分训练，就去迎接某一项挑战。类似地，我们还要将所谓的"坏思考"和"不聪明"区分开来。不聪明的人只是不清楚

[①] 证成（justification）指的是，为一个信念、主张、命题、理论、道德规范或法律提供充足理由的活动或过程。——译者注

要做什么或者如何去做。与无知者或没有准备的人一样，不聪明的人可能会选择弊大于利的行为。但与无知者或没有准备的人不同的是，不聪明的人也许不应该因为自己的不智之举而受到谴责。很少有人会选择做不聪明的人，因此谴责他们行为不周往往是不恰当的。

另外，按照我们的理解，坏思考**是**一种应当受到谴责的缺点。与无知或不聪明不同，坏思考通常是可以避免的，而且请记住，就连非常聪明、非常有能力、受过高等教育的人也会有坏思考。有坏思考的人不是**非要有**坏思考不可。他们也许——或至少是**应该**——完全清楚自己正在形成和坚持不理性、不负责的信念，甚至是有意为之。但是，他们通常讳疾忌医。一些哲学家和心理学家坚称，其实我们对自己信念的控制力很弱，信念形成的过程是不受意志控制的自主过程。一部分信念或许确实如此，但显然大部分信念**并非**如此，而且其中有许多信念会严重影响我们过自己的生活和对待他人的方式。坏思考是一种坏习惯，因此是可以补救的。

本书旨在阐明坏思考的各个层面，以便对其进行辨识和处理。我们会表明，坏思考的最强大解药就是哲学与哲学史提供的智慧与洞见，还有实践技能——没错，**实践**技能！

坏思考是一种顽固行为

坏思考是一种顽固行为，这可以从几个方面看出来。第一种顽固是**认识论**层面的顽固，比如否认气候变化、进化论或疫苗益处。认识性顽固指的是，没有根据证据来修正自身信念。每当你哪怕面对压倒性的反面证据，但依然拒绝改变自己的信念时，这就是认识性顽固的表现。在调查中发现持有不合理以至荒谬信念的美国人就存在这样一种坏思考。他们顽固坚持的信念不仅按照任何理性标准都无法证成，而且只要我们对现有证据做出公平的考察，就会发现这些信念错得离谱。在坏思考之下，不管信念符不符合理性，人们都会相信自己想要相信的东西。事实上，他们坚持这些虚假信念的理由或许是可以解释的，这些信念可能有安抚作用，可能存在经济或个人利益，也可能是自己崇拜的人持有这些信念，但这些都不是证成信念的认识论理由，算不上支持信念为真的证据。

坏思考中的另一种顽固是道德维度上的，表现是做出糟糕的判断。认识性顽固的人会不顾有力的反面理由而坚持某个信念，而**规范性**顽固的人会坚持遵循某条规则，哪怕在当前情形中这样做显然是南辕北辙。规范性顽固的人没有发现例外在某种情况下不仅完全无害，甚至可能会带来好处或者避免害处。

存在坏思考的人是顽固的。当他们面对压倒性的反面证据却固执己见，或者面对压倒性的正面证据却拒绝采纳时，这就是认知性顽固。当他们不考虑创制规则的初衷，或者不管允许例外会带来良善或有益结果时，这就是伦理性顽固，也叫规范性顽固。此外，只要顽固是有意为之，也就是受控制的，坏思考就应当受到谴责，而无知或不聪明往往是无可厚非的。坏思考总是可以避免的。

治疗顽固

但是，怎么才能让一个认识性顽固的人明白应该放弃自己的信念呢？怎么才能让一个墨守成规的规范性顽固者获得理性判断能力呢？为了消除坏思考的标志，即顽固，重要的第一步是采纳指导哲学与科学思维的逻辑原理，还有促成理性思考的规范。坏思考的解药自然是学习如何进行好的思考。好思考涉及知晓并遵守理性的经典标准，这些标准会让人负责任地形成和维护信念。换言之，好思考既意味着了解致知之道，也意味着将致知之道付诸实践。

事实上，治疗认知性顽固与规范性顽固的这味解药有一个古典的名称——智慧（wisdom）。按照苏格拉底、索福克勒斯、柏拉图、亚里士多德与其他众多思想家和作家的理解，有智慧是一种自知之明。有智慧的人知道自己知道什么，也知道自己不知道什么，这两者同样重要。此外，有智慧的人会努力确保这种自知之明会启示和引导自己的选择与行为。智慧的人完全清楚自身知识的范围与界限，于是也知道该做什么，不该做什么。简言之，有智慧的人思与行都合乎理性。于是，他会过上苏格拉底所说的"经过考察的生活"，这是一个人能过上的最好生活，这种生活存在于人类的健康幸福中。古希腊人也有一个对应的词语，即 eudaimonia，通常翻译为"幸福"，虽不准确但也不无道理。

理性启蒙

在探讨认识性顽固时，记住我们是早期现代欧洲思想遗产的继承人是有益的，不管这一点是好还是坏。当时哲学与科学的特征以及与先前传统的断裂之处在于，人们不再关注权威或传统，而是着意于根据证据调整理论。伽利略、培根、笛卡尔、斯宾诺莎、洛克、牛顿等人没有诉诸古代思想家（比如柏拉图和亚里士多德）的主张来解释天堂、身边的自然界、人性与社会。指引着他们的光辉也不是宗教原理或神学教义。他们遵循着理性——一些思想家称之为"自然之光"——和经验的引导。不论是采用逻辑演绎，还是分析实证数据，他们发展出的现代科学方法的要义都是在理性框架下，根据现有证据来检验理论的。理性人在评判自身信念真伪时会寻求证成，而不会单纯依照信心，或者因为自己确实想要或者需要一个信念是真的，便认可这个信念为真。但是，当证据表明自己的信念为假时，理性人就会抛弃它。坚持被证据显然推翻的信念，或者拒斥得到充分证成的信念都是不理性的，这是**纯粹的坏思考**。

这些早期现代思想家并非不信宗教，其中有许多都是极为虔诚的信徒，信奉天主教或者新教中的某一支。所谓启蒙时代早期科学与宗教之间的"战争"是一个神话。但对笛卡尔及其知识分子同人来说，哲学与科学领域，以至道德与政治领域的真理和进步都在于理性和实证探究，而非信奉宗教或其他权威。

拒绝气候变化，或者不许子女注射疫苗，或者否认自然选择进化现象的人之所以没有进行好思考，是

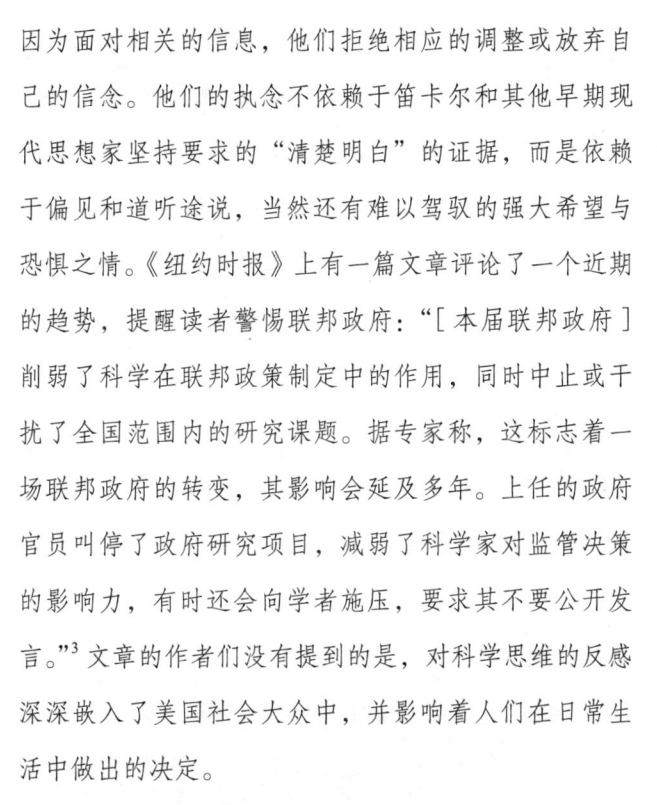

因为面对相关的信息,他们拒绝相应的调整或放弃自己的信念。他们的执念不依赖于笛卡尔和其他早期现代思想家坚持要求的"清楚明白"的证据,而是依赖于偏见和道听途说,当然还有难以驾驭的强大希望与恐惧之情。《纽约时报》上有一篇文章评论了一个近期的趋势,提醒读者警惕联邦政府:"[本届联邦政府]削弱了科学在联邦政策制定中的作用,同时中止或干扰了全国范围内的研究课题。据专家称,这标志着一场联邦政府的转变,其影响会延及多年。上任的政府官员叫停了政府研究项目,减弱了科学家对监管决策的影响力,有时还会向学者施压,要求其不要公开发言。"[3]文章的作者们没有提到的是,对科学思维的反感深深嵌入了美国社会大众中,并影响着人们在日常生活中做出的决定。

通过对科学方法的提炼总结,以及对各种不理性与无根据的"激情"发起的斗争,启蒙时代早期的哲学家提出了一套系统性的方法,严格根据相关证据来形成信念。不管是培根的归纳推理,笛卡尔的"直观"与"演绎"方法,牛顿在思辨性"形而上学"假说面前的克制,还是大卫·休谟对我们最平常但事实上也最无法证成的信念发出的质疑,这些思想家都信奉一套关于人类理性与认知责任的特定模型。

这并不是 17 世纪突然间迸发出来的东西。柏拉图率先用严格的哲学方法探究了"真正的知识"的本质，以及负责任的求知者必须达到的要求。他是受到了一位名师的启发。毕竟，正是苏格拉底提出了著名的断言"不经考察的生活不值得过"，要求我们常常扪心自问，不仅要问我们为什么做出了某某事，也要问我们为什么具有某某信念。你觉得自己知道正义的意义？你对正确与错误的本质有某些信念？经过考察的生活不仅要求我们根据自身的信念与价值观来反思自身行为，更要检验这些信念与价值观本身。

正如启蒙运动的洞见不仅可以回溯到古代传统，也在当代哲学著作中得到发扬。与现代早期的先辈们一样，探究认识论与科学的当代哲学家专注于考察证据如何支持信念。他们想要知道，个别观察结果如何能够支持关于世界的一般性主张，也想知道更普遍意义上的人类知识原理。除了早期思想家率先发展出的演绎法与归纳法外，当代哲学家还加入了概率论的工具。概率论为哲学家提供了更细致的新手段来理解在给定若干证据的情况下，信念的确切程度能达到多高，以及有了更多的证据，信念为真的概率会怎样逐渐提高。了解这些工具和方法甚至能帮助不是哲学家的人来发现虚假、无效、误导性的论证和未证成的结论，并加强人们总体上的思维能力。

如何思考

怎样解决悄然蔓延的坏思考呢？大概，最有前途的答案会涉及深入考察哲学，包括哲学史与哲学方法。就拿认识论领域来说，学习如何从广泛多样的消息来源中获取更多信息是重要的第一步。但是，了解理性的益处甚至还要更大。这意味着要学习如何评估信息来源，即辨别真假（**真正**的假消息），从而掌握工具来确定哪些信念可能是真的，哪些又可能是假的。事实上，我们需要加强学习理性的意义，还要学习如何成为认知负责的公民——在意真假，能够分辨好证据与坏证据，看到未证成（以至不可证成）的信念时能够识别出来。

基本逻辑规则就能在矫正坏思考上起到很大作用。我们还可以去了解定义理性的一般性规则，从而理解那些只要知道错在哪里，就能轻松避免的错误。哲学对于坏思考的疗法包括分辨好论证与坏论证，理解证据是怎样支持或否定一条原则或假设的。我们的目标不是除了真理什么都不信——要点不是永远都要正确。

理性不意味着无谬。就连认知负责性最强的人也会有虚假信念。但理性人的信念即使是虚假的，也是有根据的错。他之所以把那当成是真的，是有好理由的。而且如果有无可辩驳的坚实证据表明他的信念有误，那么理性人会放弃信念，而不会无视或否认证据。

因此，介绍理性的规范是重要的。这些规范不仅表现在逻辑学与概率论的规则中，而且在更一般的意义上，体现在负责任的信念形成过程的基本要求中，这意味着要理解理性信念（belief）与信心（faith）之间的区别。基于信心的信念未必源于宗教。就连最平凡的信念也可能是基于信心的，比如，你可能因为一个朋友的种种行为证明其善良可信，所以你相信他善良可信，也可能尽管没有证据支持这一信念，甚至可能有证据表明他奸邪狡诈，但你仍然相信他善良可信。如果你在没有证据的情况下依然相信他是好人，这就是信心；如果你在面对相反的证据时还是相信他是好人，那么你的信心就是不理性的。

美国以及世界上的不理性太多了。

哲学是第一步

2020年5月6日,美国哲学学会发布了一份罕见的公开决议,主题是新冠疫情。在这份声明中,学会常委会对下述状况表达了担忧:"我国正亟须慎思的逻辑分析思维,但我们却发现,人们对循证政策制定怀有一种令人困扰的怀疑情绪,不愿意接受并运用科学知识,而且对古今传染病的历史教训缺乏了解。"这份针对美国国会参众两院领袖的决议末尾提出了如下建议:

> 因此,我们恳求你们考虑采取大胆的行动,重新促进我国教育发展,将教育作为这场全国性危机复兴方略中的重要环节。此举的灵感来源是1958年的《国防教育法》(National Defense Education Act)。《国防教育法》是一次成功的立法,面对明显的国际挑战做出了扶持教育发展的回应。
>
> 鉴于事实性证据与基于事实的决策是国家力量与发展的根基,且推动注重自然科学与社会科学,注重分析思维,基于事实的决策的教育是国民福祉的关键。

本会决议如下：国会应出台《21世纪国防教育法》，支持以下各个层次美国年轻人的教育事业，涵盖科学、历史、分析思维、注重事实方面，使其作为国家未来健康、总体福祉与安全的根基。

改变人的认知行为并非易事，甚至可能徒劳无功。但是，我们没有理由只因为老狗学不会新把戏，就认为人一旦陷入了不良的思维方式，就不能回心转意，不能看到自身犯的错误。要说研究激励一群人从坏思考转向好思考的最佳方法可能必须要交给心理学家，但哲学家的责任是说明哪些思维模式是好的，为什么好，因此哲学对好思考的形成同样至关重要。无根据且有害的观念已经传染了美国乃至世界人口的很大一部分，可谓触目惊心。为了摆脱这些观念，我们——作为个体以及社会一员——首先必须转向哲学。

第一章 思考，好与坏

THINKING, BAD AND GOOD

2013年,菲尔莱狄更斯大学(Fairleigh Dickinson University)的"公众思想"(PublicMind)调查显示,25%的美国人相信上一年发生的桑迪·胡克小学枪击案存在掩盖真相的情况。这种怀疑论——或者更准确地说是犬儒思想——似乎无视了压倒性的证据:事实上,亚当·兰扎(Adam Lanza)先杀死母亲,然后开车去桑迪·胡克小学,有条不紊地杀害了六名教职工和二十名儿童。关于兰扎行为的现有证据,包括作案照片、尸检报告、目击证词与兰扎亲朋的访谈、兰扎电脑上发现的触目惊心的其他大规模枪击案资料等,应该会让一些理性人确信枪击案发生了。显然,有不少美国人并不理性。

公众思想调查五年后,网络新闻平台Patch发布了题为《美国人有多傻:这10件事真的有人信》的文章。下面列出一些真有人信的事,按照Patch的说法,这些事情表明美国人归根到底是很"傻"的。近三分之一的美国人不承认在犹太大屠杀中约有 600 万犹太人丧生的史实，而坚持认为实际数字小得多。不知道奥斯维辛是集中营的美国人还要更多。74% 的美国人说不全美国政府三权分立是哪三权，甚至有三分之一的美国人连一权都说不上来，令人瞠目结舌。四分之一的美国人相信太阳绕着地球转。三分之一多的美国人相信人类不是通过自然选择演化而来的，而是不久前被神所造，造出来就是现在的模样。尽管承认气候变化是事实的美国人一直在增多，但仍然有 20% 的美国人否认气候变化，还有更多人否认人类活动与气候变化有关。约有三分之一的美国人仍然相信奥巴马总统出生于肯尼亚。约有五分之一的美国人对疫苗安全性心存疑虑，尽管有大规模的研究表明注射疫苗者的自闭症等发病率并不高于不注射疫苗者。

对于 Patch 文章中用"傻"来形容美国人的做法，我们不敢苟同。在我们看来，这个词不适合用来描述美国人，或者更具体地说，不适合用来描述比例高到令人丧气的一批美国人。放眼全球，"傻"字也不能用来描述世界各地面对压倒性的反面证据却依然固执己见的人们。不过，我们确实赞同文章表达的总体精神。美国的未来——以及世界的未来——正在被本应对事物有更好了解的人毁掉。并非所有虚假信念都会带来糟糕的后果——相信地平论就没有多大危害，除非你是美国国家航空航天局（NASA）的员工——但带来糟糕后果的虚假信息有很多。气候变化是真实的，人们越是拖延应对，气候变化造成的破坏就越大。类似地，不打疫苗的代价也是巨大的。随着未注射疫苗儿童的增多，原本只要简单易得的接种法就能预防的疾病会让更多人丧生。否认桑迪·胡克小学枪击案等可怕事件的人应该认真想一想被害学童的父母，他们受到了残酷的二次伤害。

我们之所以不喜欢网络新闻平台 Patch 的文章用"傻"字来形容美国人，一个理由是"傻"字带有侮辱性，因此不可能使其目标人群虚心学习技能，明白他们的信念为什么是虚假或未证成的。但不用这个标签还有一个更重要的理由，那就是这个标签不正确，许多怀有虚假信念的美国人其实并不"傻"。他们的课堂成绩或者标准化考试成绩并不低于怀有正确信念的美国人。他们或许能够用仔细、巧妙、富有创造性的论证来维护自己的虚假信念。比如，地平论的支持者肯定在某处论证出错了，但巧言狡辩是这个群体的一项突出特征。

另外，"傻"这个形容词除了不正确，还无可救药的不精确。"傻"这个描述实在太含混了，完全无法让我们洞悉美国人为什么持有这么多虚假信念，或者为什么缺乏一些重要的真实信念的洞见，从而大大增加了补救的难度。通过详查这些例子中的一部分，我们至少有两种大不相同的说法来解释为什么美国人会坚持这样赤裸裸的假事，或者最起码是没有认识到某些真实。首先，三分之一多的美国人不知道奥斯维辛是集中营，还有相近比例的美国人连三权分立里的一权都说不出来，对于这一类无知的解释很直截了当。这一批美国人没受过良好教育。他们没学过屠杀犹太人或政府架构的基础知识。当然，为什么会有一部分美国人没受过良好教育这一点本身可能就相当复杂，涉及社会经济地位、种族主义、地理区位、州预算、税率等具体细节。然而，不管一部分美国人没受过良好教育的理由是什么，我们都可以说：不知道奥斯维辛是集中营或美国政府实行三权分立是教育不良的结果。未受过良好教育的人只是不知道他们应该知道的事情而已。

其次，否认人类是通过自然选择演化形成的，拒绝承认地球正在变暖或疫苗有益的人，还有认为 5G 网络与新冠疫情之间存在关联的人可能并非没受过良好教育。他们可能上了很好的学校，而且用功学习。桑迪·胡克伪案论的一名代表性人物是学院哲学家，他成年后的全部生活都与高等教育机构有关。他不能以缺乏教育为借口。是什么问题让这些人对清晰易得的证据所指出的最合乎理性的结论视而不见呢？他们在大多数场合中显然都是受过良好教育的正常人，但在被要求思考全球变暖、疫苗或校园枪击案的问题时，他们却表现出了令人困惑的不理性。那我们应该如何形容这些人呢？只要他们愿意真正去衡量反对他们的虚假信念、支持真实信念的证据，他们就能够也应该会发现自己的错误。他们并不傻。他们的坏思考是**认识性顽固**（epistemic stubbornness）的实例。

认识性顽固

认识论（epistemology）是哲学的一个分支，关注和证成与知识相关的问题（episteme 是一个希腊语词语，意思就是"知识"）。当我们用"认识性顽固"来形容一个人时，我们就凸显了一种特殊的坏思考。我们都知道，顽固牵涉到抵制或抗拒理性。顽固的小婴儿拒绝放弃棒棒糖，尽管它已经掉在了沙滩上。当一个人面前有现成易得的证据——甚至或许就在他鼻子前面——表明其信念是虚假的，但还是拒绝放弃信念时，他就是一个认识性顽固的人。另一种情况是，他虽然认可了证据，但没能从中推导出应有的理性结论。认识性顽固与教育程度低下，也就是无知有很大区别。一个教育程度低下，或者说无知的人可能不知道巴拉克·奥巴马是美国公民，理由仅仅是他从来没有见过任何一项证明巴拉克·奥巴马出生地的证据。而一个认识性顽固的人尽管看到了奥巴马的出生证明副本，也听取了表明他出生于美国夏威夷的证词，但还是会继续否认奥巴马是美国公民。类似地，用单纯的无知或许能解释为什么某个人不理解演化论。然而，创世论者通常有的是另一种缺陷。创世论者熟悉演化的证据，但要么否认证据的意义，要么拒不接受证据的推论。他是认识性顽固。

我们引述过的认识性顽固实例或许看上去与特定的社会阶层有关，确实，共和党人相信"奥巴马出生阴谋论"的可能性远远高于民主党人,宗教保守派群体成员也比宗教进步派群体成员更可能否认演化。然而,认识性顽固并不局限于具有严重政治或宗教派别之见的人群。每一个人都会在某些时候,至少在自己的一部分信念上容易受到认识性顽固的影响。许多体育爱好者在赛季败局已定的时候,仍然相信自己支持的队伍能够"走到最后"。我们都遇到过这样的人:尽管有大量相反的证据,我们仍然想认为对方是把我们的利益放在心上的。查理·布朗从来没有失去露西会把橄榄球摆好,等着自己去踢的希望。认识性顽固无疑是普遍存在的。我们之后会看到,在某些情况下,认识性顽固甚至可能是有利的和可取的。

然而,尽管认识性顽固常见,在许多情况下也是无害的,但也可能是危险的,比如否认气候变化和疫苗怀疑论。认识性顽固的另一些负面后果或许不那么直接,却同样险恶。相信一名有明显缺陷,显然既没有做好准备,也不适合参选职务的政治候选人会是一位有能力的领导者,这可能会将国家引入歧途,或者阻止国家走上正轨。听信美国政府参与了"9·11"事件悲剧的阴谋论不仅会妨碍对真凶的调查,还会扰乱或许能预防恐怖袭击的外交政策。当人们相信一种令人痛苦的观点,即桑迪·胡克小学枪击案等著名校园枪击案是为了侵犯他人的持枪权利而捏造出来的时,关于枪支控制等重大议题的理性讨论就会变得更加困难。

19世纪的数学家和哲学家W. K. 克利福德(W. K. Clifford,

1845—1879）曾对一种源于认识性顽固的更可怕的威胁发出过警告。他担心，允许自己具有未经充分证成信念的人处于一条滑坡之上。"我们每一次允许自己没有恰当理由就相信时，"他告诫道，"就是在削弱我们自我控制、怀疑和审慎公允权衡证据的能力。"[1] 克利福德认为，认识性顽固，也就是坚持未证成信念的倾向就像一种不知餍足的传染病。它会占据一个人，削弱他的辨识力，让他变得"轻信"，即准备相信几乎任何事情，不论是多么毫无依据的事。接着，他的认识性顽固会传给其他人，就像一颗烂苹果坏了一桶苹果。克利福德说："社会所遭受的危险不仅仅是人们会相信虚假的事情，尽管这已经很严重了，还是人们会变得轻信，失去检验和探求事物的习惯。此一来，社会就必然会回落到野蛮。"[2] 即便害怕存在认识性顽固的社会将堕入野蛮的想法有一点过头了，但是在一个对合理信念的珍视程度不高于对无端信念的珍视程度的社会中生活是危险的，这肯定是正确的。我们依赖社会来抵御敌人，提供教育和充分的医疗服务，保持环境洁净，确保我们服用的药品、摄入的食物、居住的房屋、工作的场所是安全的，等等。我们最不想要发生的状况就是这些必要事务建立在不值得信赖的信念的基础之上。理解证据、证成、知识等概念之所以重要，理由正在于此，它们能帮助我们抵抗认识性顽固的散播。

证据在哪里

认识论中有一种非常流行的观点,叫作"证据主义"(evidentialism),指的是人们必须有足够多的证据来证成一个信念才能相信它,比如明天会下雨、太平洋比大西洋大、林肯是美国南北战争时期的总统、金元素的原子序数是79。换言之,根据证据主义,我们不应该相信缺乏足够证据的事情。

证据主义的历史根源可以追溯到哲学家勒内·笛卡尔(René Descartes,1596—1650)。在《第一哲学沉思集》(1641)中,笛卡尔着手为自然科学奠定恰当的认识论与形而上学基础。他决心要发现一种值得信赖的方法,能够得出绝对确定的宇宙真理。讽刺的是,他迈向这一目标的第一步是怀疑自己相信的一切事物。然而,主张知识不可能获得的怀疑论并非笛卡尔的目标。相反,笛卡尔的目标是发现自己的哪些信念就算有最强大的质疑理由,却还能继续存在。在笛卡尔考虑过的理由中有一条是,可能有一位如神般强大的妖怪以欺骗笛卡尔为使命。这是《黑客帝国》系列电影等现代怀疑论场景的前身。那么,在承认这样一位妖怪存在的前提下,笛卡尔还会信赖他的信念中的任何一个吗?太阳是太阳系的中心吗?还有太阳吗?笛卡尔真的有身体吗?还是说妖怪让他相信自己有身体,其实他并没有呢?正方形有四条边吗?

在想象质疑一切的理由时,笛卡尔在寻找一种避免虚假信念，走上通往真知之路的值得信赖的途径，而且他认为自己已经找到了。关键是只"接受"我们领会得"十分清楚、十分分明的东西是真实的"。这就是说，除非有压倒性的正面证据，以至于你基本上不可能**不**相信，否则就不要信。我们只应该相信这样的事：它的证据逻辑是如此确切，以至于不由得你不信。在认识论路途中的某处发现自己的一些想法——他举出的是"我存在"和"神存在"的例子——是如此有力，以至于"我就不得不做这样的判断，即我领会得如此清楚的一件事是真的，不是由于什么外部的原因强迫我这样做，而仅仅是因为在我的理智里边巨大的清楚性，随之而来的就是在我的意志里边有一个强烈的倾向性；并且我越是觉得不那么无所谓，我就越是自由地去相信"[3]。另外，在没有说服力这么强的证据时——"在所有的头脑没有形成足够清晰的知识的情况下"——我们就不应该接受。"如果我对自己没有领会得足够清楚明白的事情不去判断，那么显然是我把这一点使用得很好，而且我没有弄错。"[4]

克利福德的证据主义同样严格。他这样总结自己的立场："任何人在任何地方相信没有充分证据的事情都永远是错误的。"[5]

按照我们的理解，证据主义与我们用"认识性顽固"来形容的坏思考是针锋相对的关系。比如，认识性顽固的人本质上是指，"哪怕有合理的反面证据，我还是会相信疫苗有害"，或者"哪怕有确凿证据表明桑迪·胡克小学枪击案真实发生过，我还是会相信它是骗局"。在证据主义者眼中，这个人违背了某种规范。因为现有证据表明疫苗无害，所以宣扬反疫苗运动的人做了一件错事。他们的信念没有充足证据支持；更糟的是，存在有力的证据表明他的信念是错误的。年轻地球创造论者也是一样，他们坚持认为地球的年龄不足一万年。他们的信念没有充足的证据支持，因此按照证据主义的看法，他们做了错事。否认桑迪·胡克小学枪击案中有儿童丧生的人犯了错，他们应该对已经发生的事件采取其他证据更充足的信念。

上面简短讨论了证据主义及其对认识性顽固的反驳，这引出了很多问题。第一类问题是认识性顽固的人到底犯了什么类型的错误。当你相信某件证据不足、无法证成的事情，或者面对压倒性的反面证据依然拒绝放弃信念时，你做了什么**错**事？确切地说，你的罪名是什么？会不会在某些情况下，相信没有充分证成的事情是被允许的？

第二类问题涉及证据：什么是证据？多少证据才能充分证成一个信念？真实的信念、证成的信念和知识之间是有重要区分的。你或许会觉得奇怪，哪怕一个认识性顽固的人的信念为真，但他坚持这个信念的做法也可能是错的。一个根据充分证据得出自身信念的人可能会受到表扬，哪怕他的信念是假的。证成与真实信念的关系，以及真实信念与知识之间的关系并非一目了然。

两种应然

允许自己相信没有充分证据的事情,或者更糟的是,允许自己相信有反面证据的事情的危险很容易说明。想象有一名船东,他心中总是怀疑手下的一艘船是否适合出海,而这艘船已经装满乘客,马上就要出海了。这是一艘老船,需要经常维修,再说它本来造得就不是很好。证据支持这艘船不安全的信念,任何不像船东这样利益相关的人都会明白这一点。然而,尽管这位认识性顽固者拒绝顺着证据的方向去看,于是经历了种种内心折磨,但他还是让自己相信船是安全的。克利福德是这样讲述这个例子的:船东"对自己说,这艘船已经安全跑过很多趟了,也经历过那么多风暴,只有呆子才会怀疑它这一次不会安全返航"[6]。但是,船东说服自己相信的事情,也就是船会安全渡海,当然是虚假的。"船要是悄无声息地在大洋中央沉没了,他就会拿到保险金"[7]。

假如尽管船的木头烂了,底舱也漏水,但还是安全抵达了目的地呢?我们对船东的评判会宽容一些吗?他不会犯过失杀人罪,如果他因为无视证据而要为乘客死亡负责的话,他或许应当承担这一罪名。但克利福德认为,船东仍然犯了罪:"对错问题与信念的源头有关,而与信念的内容无关;问题不在于信念是什么,而在于信念是如何获得的;不在于结果发现是真是假,而在于他是否有权利按照眼前的证据相信这件事。"[8] 按照这种看法，船东的罪行是愿意相信没有充分证据的事情，而并不真正关心信念是真是假，会不会带来恶劣后果。尽管有大量反面证据，但他还是坚持未证成的、有利于自己的信念。船东的错误在于，尽管他没有充足的证据，还面对着反面证据，但他依然相信船是安全的。就算船东的船没有出意外，顺利渡过了大洋，他的罪过也不会比船葬身海底的情况更轻。

错误有不同的种类。若是能知道船东持有证据不足的信念到底是在什么意义上犯了错，那可是好事一件。最普通的错误类型与违背**道德**有关。如果你答应了去机场接朋友，结果却坐在家里看自己最爱的情景喜剧重播，那么你就犯了一个道德上的错，因为你违背了一条道德律。道德要求你遵守诺言（除非，比如你有更重要或更紧迫的义务）。于是，当你违背这条道德律时，你的行为就是不道德的。简言之，你在道德上是错的。

与道德错误相对，我们还可以谈**认识**错误。假如你相信除非员工罢工，否则动物园就会开门，你还相信动物园员工**没有罢工**。于是，如果我们问你是否相信动物园开门，结果你说"不开"或者"我不知道"，你就犯了一个认识错误。前两个信念证成了第三个信念。如果你相信除非员工罢工，否则动物园就开门，**而且**你还相信员工没有罢工，那么你就应该相信动物园开门。但是，这里的"应然"和遵守承诺的"应然"不是一码事。当你应该遵守，但没有遵守承诺时，你做了一件道德上不应该做的事。当你应该相信，但没有相信动物园开门时，你是没有做一件**认识**上应该做的事。你违背了一条认识规范,一条好推理的规范。

我们再来看一个例子。假如你的伴侣半夜开始收到短信,然后很快把手机藏了起来,或者回消息时要离开卧室。他常常出门,说尽管狗睡得正香,但狗还是得遛一遛了。你在他那一侧的床垫底下发现了两张加勒比海邮轮的船票,日期正好是你的年假时间。其中一张票是给你的伴侣的合作伙伴的,你之前在多个工作场合见过他们俩打情骂俏。随着伴侣出轨证据的增多,"他出轨了"的信念也得到了证成。显然,当你拒绝相信证据,坚持可能性越发渺茫的"伴侣没有出轨"的信念时,你并没有做任何**不道德**的事,但你和上个例子中一样违背了认识规范。伴侣出轨的证据是压倒性的。如果你拒绝接受有证据支持的信念,那么你就没有相信你在认识层面上应该相信的东西。

我们刚刚考察的两个认识错误案例——不相信动物园开门和不相信伴侣出轨——之间有着重要的差异。更具体来说,两个例子中推理证成特定信念的**方式**不同。理由会在后续章节中讲述。目前,我们还是回来讨论船东,因为这个案例表明我们刚刚区分的两种错误——道德错误与认识错误——是有联系的。

并不是所有认识性顽固都会违背道德。没发现动物园开门的行为并无不道德之处。表面来看,在种种证据面前依然拒绝相信伴侣出轨也不会让你成为一个坏人。但是,船东**是**一个坏人,这在第一种情况下是显而易见的,船东蓄意无视表明船不安全的证据，将乘客送上了大洋坟墓。但第二种情况也是同样清楚的，乘客只是运气好才幸免于难。在第二种情况下，船并没有更安全，表明船况堪忧的证据也同样有力。船东的做法是不道德的，因为他在本应做进一步了解的情况下让乘客处于重大危险之中。

无论乘客被淹死了还是侥幸没有被淹死，船东的道德错误都与认识错误缠绕在一起。坏思考让他没有看到自己正让乘客陷入怎样的危险之中。他说服自己相信船适合出海，理由仅仅是他靠船出海赚钱。有时，就像这个例子一样，认识性顽固会具有道德意义，因为不相信认识上应该相信的事会让你做出道德上不应该做出的事。

讲到这里，我们还应该加一句：尽管船东手上有证成正确信念（他的船不适合出海）的全部证据，但就算造船工没有把证据交给他，他必须亲自去收集资料，他的罪过也不会减轻。既然跨海航行干系重大，牵涉着许多名乘客的性命，那么船东就有自行了解真实船况的道德义务。从道德上讲，船东应该尽可能确保证成自己对船只适航性的信念。假如他这样做了，他就会意识到自己的信念出了错。当然，他可能依然会选择拿乘客的生命冒险，但这就不再是认识性顽固了。毕竟，他现在已经让证据发挥作用了——他允许通过证据说服自己相信船并不安全。如果他无视了这一信念，他的罪行就不是认识性顽固，而是类似于渎职，即他确实了解情况，但没有做出相应的行动。

这一切都是为了说明，为什么许多美国人表现出的认识性顽固在道德上也可能是错误的。我们再来看两个这种错误的经典案例：拒绝相信全球变暖和拒绝相信疫苗是安全的。这两个案例都是性命攸关的。正如船东不应该无视船况不佳的证据，而应该尽力寻找证据来证成关于船况的正确信念一样，美国人也应该自行了解气候变化和疫苗知识。例如，反疫苗人士有获取关于疫苗的正确信念的证据并抛弃会导致危险决定的未证成信念的道德义务。引导人们选择反对疫苗的未证成信念正在害死儿童。正如认识性顽固让船东做出了不道德的决定，将乘客送上了危险的旅程一样，认识性顽固也让反疫苗人士做出了不道德的决定，拿儿童的生命做不必要的冒险。

当然，许多反疫苗运动的参与者确实相信自己的决定**得到了证成**，是基于证据的。你可以想象，船东可能也相信自己关于船只适航性的观点得到了证成。他可能与一些多年前安全坐过这条船的乘客谈过话，他们向他保证船是完好的，这揭示了一些关于证据本质的重要信息。不过，我们会看到证据并非生而平等。或者换句话说，有一些形成信念的理由不是好理由。类似地，有一些证据只有在忽略其他证据时才有说服力。

我们已经承认，仅就认识性顽固而言，认识性顽固的人并不总是不道德的。船东是不道德的，反对疫苗和否认气候变化的人也是不道德的。在这些例子中，人们拒绝接受得到了全部证据证成的信念，不顾证明相反信念是虚假的证据，过分重视指向相反信念的薄弱证据并牢牢攥住这个信念，而这些坏思考都引发了置人命于危险之中的决策与行动。但是，拒绝相信动物园开门或者伴侣出轨所引发的行动不会伤害任何人（除了在出轨的例子中可能会伤害到你自己）。这些认识性顽固的例子似乎在道德上是中性的。它们就像其他不涉及道德意义的决定一样，如我要走路上班还是骑车上班，我要吃苹果还是吃橘子，我要先系左脚的鞋带还是右脚的鞋带。大体上说，这种选择之所以没有道德意义，是因为它们不触及道德义务或责任。吃橘子不是道德义务，因此选择吃苹果与说话不算话或偷别人钱包不同，并没有违背道德义务。类似地，因为认识性顽固并不总是存在道德意义，所以如果克利福德告诫"任何人在任何地方都相信没有充分证据的事情永远都是错误的"[9]指的是道德上的错误，那么他的告诫就是不正确的。我们的例子表明，相信没有充分证据的事情尽管总是在认识上错误，但并不总是在道德上错误。

迄今为止，在阐明证据主义——主张人只应该相信有充分证据的事情——的过程中，我们已经考察了理解"应然"意义的两种方式。有认识意义上的"应然"，这里的证据主义指的是：基于不充分证据的信念在认识上是错误的，是坏思考的做法。也有道德意义上的"应然"，从这个视角看，当认识性顽固导致你违背了某种道德义务或责任时，认识性顽固就是不道德的，比如船东和否认全球变暖或疫苗益处的人。本书关注的是第二种证据主义。我们谴责的是不仅涉及坏思考还会带来道德错误的认识性顽固。这就是说，我们要批判的人选择了相信没有充分证据，并且会造成伤害或提高伤害可能性的事。于是，后续章节中关于好思考的教训就特别有价值。将这些教训牢记在心不仅会让你掌握更强的推理能力，更会让你成为一个更好的人。

第三种应然

在讨论什么是理由，理由与证成、真、知识等概念有何关联之前，我们要考察一种反驳证据主义的重要观点，这有助于进一步澄清我们要辩护的温和证据主义。哲学家与心理学家威廉·詹姆斯（William James，1842—1910）给出了我们能想到的最有力的反证据主义阐述。了解詹姆斯反驳极端证据主义的一种方法，是思考除了我们已经讨论过的认识性应然与道德性应然以外，会不会还有另一种与信念相关的应然。如前所见，你之所以不应该相信缺乏充分证据的事情，一个理由是好推理的规范不允许你这样做。另一个不相信缺乏充分证据之事的理由是，这样做可能会让你违背道德义务。但在这些相信或不相信某件事的认识性和道德性理由以外，或许还有一条要求第三种"应然"的理由。这种理由可以称为**审慎性**理由，而与之相关的

第一章 思考，好与坏

那一种"应然"叫作**审慎性**应然。

审慎性应然背后的想法是：有时相信或不相信某件事可能是**审慎**的做法，意思是相信或不相信要么对你有正面的好处，要么能减少你受到的伤害。在这种情况下，我们可以说你在审慎层面应该相信或不相信。审慎性应然最著名的例子出自哲学家与数学家布莱士·帕斯卡（Blaise Pascal，1623—1662）。在虔诚的宗教反思作品《思想录》（Pensées）一书中，帕斯卡论证道，即使支持神存在的证据并不很强，你仍然应该相信神。[10] 显然，严格的证据主义者会强烈反对这个结论。如果不能证成神存在，我们为什么要相信呢？这种信念与其他未经证成的信念，比如相信存在圣诞老人或喜马拉雅山雪人，有什么分别呢？帕斯卡推理道，相信神就好比一本万利的投资承诺。相信神的代价并不很大。如果神存在，会赐予相信神的人上天堂，享永福的奖赏，那么相信神就有了巨大的回报；如果神不存在，那么由于相信神的代价非常小，所以你也没有失去太多。另外，假设你选择不相信神，如果神不存在，那么不信神的决定只会带给你很少的益处。你可能会觉得自己没有把时间浪费在祈祷或其他形式的礼拜上，于是感到沾沾自喜。然而，如果你不信神而神又**存在**，而且神会惩罚不信自己的人——亚伯拉罕宗教中通常都会这样宣称，那么选择不信神会带给你可怕的后果：你会惹上很大的麻烦，而且是永远的。所以，聪明的下注方法（现在叫作"帕斯卡的赌注"）是相信神，因为这种信念所承诺

· 019 ·

的期望效用最大。因此，你应该相信神：不是因为相信神有最强的证据支持，也不是因为相信神最符合道德律令，而是因为相信神最有可能让你的福利最大化。相信神是审慎的做法。

帕斯卡的赌注自然是涉及了一种特殊的情境。并非每一个信念都会决定你将永远上天堂还是永远下地狱。但是，詹姆斯认为审慎性考量足以支撑许多其他信念，他还认为从审慎角度出发，我们甚至应该相信某些得不到证成的事情。[11]詹姆斯并不认为，证据性考量永远不应该是决定相信什么的主导性因素。但在某些严格界定的场合下，比如我们别无选择，只能相信某件事，或者选择相信可能会实实在在地影响信念的真假，我们就有权相信没有充分证据的事。我们很容易想到詹姆斯头脑中的那种例子。

假设你现在没有工作，并且幸运地收到了两份工作邀约，你必须决定接受哪一份邀约，因为你不能保持无业状态，你要付账单，要养活家人等，于是你"被迫"在两份邀约中选择其一。假设你想要获得更好的邀约，于是你必须证成邀约 A 对你更好，或证成邀约 B 对你更好。但是，你手头很可能根本没有足够的信息来证成邀约 A 好于邀约 B，也不能证成邀约 B 好于邀约 A，也许两份邀约各有利弊。邀约 A 的工作地点是一座你一直向往的城市，但生活成本相当高，你还听到了一些传言，说你的一些潜在同事斗志低迷。邀约 B 不要求你搬家，你对现在住的地方总体上是满意的，但晋升前景不如邀约 A。此外，你听说邀约B的工作氛围相当和谐，员工满意度都很高。

按照强证据主义的要求，你永远不应该相信没有充分证据的事情。如果你接受了这个要求，那么你就会拒绝相信邀约A优于邀约B，或者邀约B优于邀约A。你掌握的证据无法证成任何一个信念。在这种情况下，你可能会发现自己无法做出任何选择，但你又非选不可。詹姆斯还认为，与其抛硬币，坚持一个信念会对你更有利。举个例子，你应该"自愿"地相信，邀约A更好。这样做可能会对你的未来产生有益的影响。现在，你搬到一座新的城市，接受一份新工作，确信邀约A的职位更好。这样一来，你甚至可能让邀约A**成为**更好的选择，因为你可以说服自己相信，邀约A相对于邀约B的特点更符合你的心意或者价值观。尽管邀约A优于邀约B的信念并未得到证成，但你还是应该这样相信。这会让你更容易做出决定，或许也会让你的决定更可能成为正确的决定。审慎可以是证成信念的依据。

在一些情况下，出于审慎理由的信念似乎是合宜的，也就是你必须在两个信念中选择一个，但哪一个都没有充分证成。一旦你明白了这种情况的基本结构，其他的例子便不难找到。假设你交往多年的伴侣终于向你求婚，你必须回答，不能保持沉默。但是，不管是应该嫁给他，还是不应该嫁给他，这两个信念可能都没有证成。你说出"我愿意"的时候，心中并不确定你们会不会像许多对夫妻一样以离婚收场。但是，正如互斥的工作邀约一样,你必须有所相信。此外,从审慎角度看,相信婚姻会美满显然是有益的。如果怀着婚姻是正确选择的信念步入婚姻殿堂,婚姻就更可能真的**是**正确选择。几乎可以肯定的是,怀着信心而非疑虑进入的婚姻更可能长久。

另一些例子更清楚地表明,哪怕没有认识性证成,自愿相信某件事也会带来审慎意义上的回报。假设一个人确诊为癌症晚期,医生向患者耐心而充满同情地解释说,癌症已经转移,患者正在做的化疗效果会递减,还有其他癌症晚期患者的预期寿命等,这些证据证成了患者会死于癌症的信念。如果患者问一位严格的证据主义者,他"应该"对自己的未来有怎样的信念,他得到的回答会是跟着证据走,他应该相信自己将不久于人世。

但从詹姆斯的视角来看,追问依然是有意义的:患者果真就应该有这样的信念吗?当然,如果纯粹从认识意义上理解"应然"的话,那么证据主义者就是对的。患者应该相信自己快要死了。然而,如果承认在我们应该相信什么的问题上,审慎考量可能扮演着一定的角色,那么患者就应该相信自己能战胜病魔的想法似乎就是合情合理的。假设这种信念会带来积极的心态,而积极心态会提高癌症缓解的可能性,如果是这样的话,相信证据反对的情况——患者会存活下来——会让患者更有可能存活下来。

同样的模式也出现在其他不那么惨淡的情形中。如果你相信自己能完成一项之前失败过的困难任务，你就更可能会成功。一名撑竿跳运动员从来没有达到某个高度的成绩，因此他跳不到那么高的信念是得到证成的，而如果他相信自己**能**跳到，那么跳过去的机会肯定会更大。一名烹饪学校一年级学生可能相信自己无法完成苛刻的课程要求，但相信自己能读完肯定会提高他的成功机会。

在所有这些情况中，即便未证成的信念是虚假的——癌症患者没能战胜病魔，撑竿跳选手总是跳不过，烹饪学生最后退学了——接受这些信念仍然可能有积极的影响。与直接接受癌症会杀死自己的情况相比，接受这些信念的患者或许活得更久一些。又或许因为患者拒绝接受得到证据证成的信念，所以其尽管恰好在医生预测的时间离世，但在人生最后的几个月里也过得更加快乐。或许撑竿跳运动员总归是发挥了个人的最好水平，而要不是他相信自己能跳得更高的话，他根本不可能充分发挥；烹饪学校的学生觉得自己能够毕业的信念尽管是假的，但毕竟提高了他制作酱料的本领。

简言之，强证据主义不允许有除了认识考量以外的任何信念理由。你永远不应该相信证据不足的事情，哪怕你别无选择，必须要相信，比如工作邀约或求婚，哪怕相信行为本身会让信念更可能成真，或者会带来其他的好处。

这不是我们赞成的证据主义。在某些情况下，你（在审慎意义上）应该相信没有充分证据的事；未必**每一个**信念都必须充分证成。类似地,没有充分证据的信念并不总是违背道德的。按照一种恰当合理的证据主义来看,当认识性顽固——拒绝让认识性理由塑造你的信念——中纵容的信念造成了伤害时,认识性顽固才是错误的。

信念、证成与真

任何对认识性顽固及其对立面证据主义的讨论都需要分析真和知识这些重要的概念,最重要的就是证成(justification)。证据主义者要求,没有充分证成就不应该相信。但到底什么是证成?证成一个信念要多少才算足够?对某件事,比如,林肯是美国第十六任总统的信念何时才算证成?你是不是也**知道**林肯是第十六任总统呢?认为林肯是第十七任总统的信念有没有可能得到证成,哪怕他并不是?如果林肯不是第十七任总统的话,你有可能**知道**"林肯是第十七任总统"吗?我们多次声称,否认气候变化者和反疫苗人士的信念是未证成的,这有什么依据呢?拒绝疫苗的人对接种风险有虚假的信念,而这些信念难道没有理由吗?如果有理由足以证成信念——不管是什么理由,那么这个信念就算是假的,也毕竟不是没有论证。如果有论证的话,为什么又要说它未经证成呢?为了厘清这些问题,我们需要深入研究哲学家对认识论(又称知识论)的探讨。

凡是讨论证成问题，都有一个关键点：信念可以获得程度不一的依据。我们会将"证据"和"理由"作为同义词来使用，代表一个信念可能获得的依据——请注意，这里讲的理由是认识性理由，而不是审慎性理由。毕竟，审慎性理由不直接涉及信念真假，而只涉及信念是否对你有某种益处。认识性理由则**确实会**直接指向或者支持信念的真假。

信念还可以分真假。只要你的目标是具有正确的信念（包括相信某些信念是虚假的）、避免虚假的信念，你就会想要为自身信念的真假寻找依据。也就是说，你想要为自己的信念找到证据或理由。

请注意，在上述方面，信念都不同于你可能有的其他种类的想法。例如，除了信念以外，你还有欲望，但欲望的表现不同于信念。询问某个信念的真假是有意义的，比如冰箱里还有没有一桶你最喜欢的冰淇淋。在试图确定信念是真是假的过程中，你会考虑判断它的真假有什么依据。你会考虑代表信念真假的证据或理由。你记得昨天晚上买了冰淇淋，或者你的伴侣提到在冰箱里看到了冰淇淋，又或者你今天从冰箱里拿剩饭的时候见过冰淇淋。

思考自己对冰淇淋的欲望是真是假则并无意义。我们可以思考你是否真**有**对冰淇淋的欲望，但这与思考欲望本身的真假是不同的。信念与欲望的这一区别基于这样的事实：在某种意义上，信念是对事物状况的报告。信念通常是关于世界是什么样子的主张。冰箱里有冰淇淋的信念是一则关于冰箱里装了什么的报告。与其他所有事态报告一样，这则报告可能是真的，也可能是假的。类似地，地球正在变暖的信念是一则关于地球状况的报告。可惜，这则报告是真的。而欲望报告的不是实际状况，而是你想要的状况。当你存有冰箱里装着冰淇淋的欲望时，你不是在报告说冰箱里装着冰淇淋，而是在表达一种希望，你希望冰箱里**有**冰淇淋。

因为信念是关于事物状况的报告，所以我们可以问信念是真是假（哲学家对此的说法是，信念具有"真值"。有真值的意思不是某件事为真，而是这件事要么真，要么假）。既然问到具体信念的真假，我们就回到了证成问题。为了确定一个信念是真是假，你必须获取支持该信念的证据或理由，这就是我们说的**证成**。一个信念的证成主要就是支持该信念的证据或理由——证成会提高信念为真的概率。随着证成越来越多，你就会越来越确定信念为真了。

基于信心的信念与得到证成的信念之间的对比颇有启发。"基于信心"的表述其实不算贴切，这是一个比喻的说法，让人容易认可信心也是一种**理由**，能够为信念提供依据：有些人的信念以证据为**基础**，也有些人的信念以信心为**基础**。但是，"基于"信心的信念其实并无任何基础。信心不是对信念的证成，而是证成的缺失。一个人没有被任何神存在的论证说服，但还是选择基于信心相信神，那么他本质上就是在说："虽然没有

（认识意义上的）理由相信神，但我还是信了。"当你"根据"信心相信某件事时，你其实是一厢情愿。基于信心的信念无异于纯粹出于强烈愿望的信念。

而证据，或者说认识性理由，则**确实**为信念提供了基础。在证据与信念真假相关的意义上，基于证据的信念**是**有依据的。随着相信理由的增减，信念为真的概率也会随之变动。信心就不是这样了。就你所知而言，一个你对其完全有信心但只有信心的信念，并不比一个你对其并无多少信心，乃至毫无信心的信念更可能为真。信心常常是想要一个信念为真的迫切欲望，对信念**为**真的概率根本没有影响。你可以对冰箱里会装着冰淇淋有很强的信心，但这不会影响你打开冰箱门时是不是会发现冰淇淋的结果。而如果你有好证据相信你最爱的冰淇淋就放在冰箱的某个格子里，那么你的信念就是证成的。你的愿望可能会很快得到满足。

"你到底为什么相信那呢？"

在继续深入探讨之前，我们应该思考一个涉及证成的关键区分：一个信念**存在**证成与一个人**有**对某个信念的证成。这个区分背后的想法是，哪怕你不知道某个命题——冰箱里有冰淇淋，或者疫苗是安全的——为真的证据，证据也可能是存在的。

如果你的室友见过冰箱里有冰淇淋，那么冰箱里有冰淇淋的证据就是存在的。当然，直到你与室友说话之前，你可能都不知道他见过冰淇淋。证据是存在的，哪怕你不知道。一旦你的室友宣布了他见过冰淇淋的喜讯，你就有了相信冰箱里有冰淇淋的证成。

类似地，恐龙灭绝原因的证据已经存在了几千万年。这些证据一直在耐心等待，直到被一个人用来证成小行星撞击造成恐龙灭绝的信念，这个人就是路易斯·阿尔瓦雷茨（Luis Alvarez）。证据就在那里，等待被发现。甚至在阿尔瓦雷茨相信它之前，小行星撞击造成恐龙灭绝这个命题就已经证成了。举个例子，因为早在阿尔瓦雷茨相信它之前，大约与恐龙灭绝同期的土壤中就形成了一个铱层，那是小行星留下的尘埃。接着，一旦阿尔瓦雷茨发现了这一点，他便确实掌握了这个就在脚下的证成。几千万年来，阿尔瓦雷茨的信念（小行星撞击导致恐龙灭绝）的证据一直存在，而一旦阿尔瓦雷茨发现了这个证据，他便具有了对自身信念的证成。

按照这种看法，有对某个信念的证据或证成涉及某个人的论断。你**有**相信某件事的证成。你掌握了证据。另外，某个信念得到证成的论断是关于命题的，是主张存在支持该信念为真的证据。将上述想法结合起来就形成了一个简单的观察：即便你现在没**有**（或永远都不会有）相信某件事的证成，但这个信念的证成依然可能**存在**。也许冰箱里有冰淇淋的证据是存在的，哪怕你还不知道。小行星撞击造成恐龙灭绝的证据已经存在了大约六千万年，但人类直到1980年才知道。当然，这两种谈论证成的方式是有关联的。如果你**有**相信冰箱里有冰淇淋，或者小行星撞击造成恐龙灭绝的证成，那么相信冰箱里有冰淇淋或小行星撞击造成恐龙灭绝的证据就**必然存在**。然而我们刚刚已经看到，这句话反过来就不成立了。哪怕你没**有**相信冰箱里有冰淇淋的证成（你既没有打开过冰箱，也没有机会跟室友说话），但相信冰箱里有冰淇淋的证据依然可能**存在**，即冰淇淋就在那里等着被发现，而且你的室友已经见过它了。要是没有阿尔瓦雷茨的发现，我们也许永远不会有相信小行星撞击造成恐龙灭绝的证成，即便证成存在。

这一区分进一步阐明了我们要反对的那一种认识性顽固。按照我们的理解，认识性顽固的人**具有**了正确信念——疫苗是安全的、奥巴马总统是美国公民、人类活动导致了气候变化——的证成，但拒绝承认或考虑这些信念。不同于相信冰箱里有冰淇淋的证成虽然存在但你不知道，因此你没有相信这件事的证成的情况，认识性顽固的人有证成正确信念所需的证据，但无视或否认了证据。即便室友坚持说冰箱里有冰淇淋，即便购物小票上面有冰淇淋，即便有冰淇淋放在冰箱里的照片，但他们还是怀疑冰箱里没有冰淇淋。他们见过尤卡坦半岛海岸附近铱土层和陨石坑，但仍然否认是小行星撞击造成了恐龙灭绝。在这些情况下，信念的证成**存在**，这个人也**有**信念的证成，但他还是顽固地拒绝接受合乎理性的结论。

因为我们关切的是与认识性顽固抗争,所以我们会专注于**存在**信念证成的议题。与一个信念的证成是否存在相比,我们对已经有信念证成的人应该相信什么这个问题要更感兴趣得多。我们之所以能够采取这种态度,是因为我们关切的信念——疫苗是安全的、地球正在变暖、桑迪·胡克小学枪击案真实发生过、新冠疫情与 5G 技术无关——**是**得到证成的。这些信念的证成大概比冰箱里有冰淇淋还要多,哪怕有目击证词、购物小票和冰淇淋放在冰箱格子里的照片。于是,问题就在于要对那些有信念的证成但依然否定这些信念的人说什么。

你证成了吗?

一旦我们聚焦于有信念证成的想法,接下来就涉及一个区分。通俗地说,这个区分经常表述为:**有理由或证据(证成)**相信某件事,以及相信某件事**是论证成立(证成)**的。比如,想象你是一名追缉杀人犯的警探。通过调查,你发现了一名主要嫌疑人。在立案过程中,你必须寻找此人确实是凶手的证据。你要努力证成他就是凶手的信念。你在犯罪现场的咖啡桌上发现了嫌疑人的指纹。单凭这个证据本身不足以让你确信他就是凶手,但它更加支持了你的信念——他就是凶手。我们可以说,

第一章　思考，好与坏

这个证据为信念提供了一定的证成，尽管它还不能证成此人就是凶手的信念。你**有**相信嫌疑人是凶手的证成，但**尚未证成**此人就是凶手。

这样一来，我们正在引起读者关注这样一个想法：尽管证据还不能证成一个信念，但也能够添加或增进这个信念的证成。有证成和已证成只有程度上的差别而已。在前一种情况下，我们或许可以说某个信念（比如嫌疑人是凶手）得到了**部分**证成。接着，在你针对嫌疑人立案的过程中，你可能会发现更多相信他就是凶手的证据和证成。弹道分析报告表明，射入被害人心脏的子弹是由嫌疑人的枪射出的；有证人说，听到枪声后不久就看见嫌疑人走出了被害人的公寓；被害人的朋友说，她和嫌疑人刚刚分手，而且分得不太愉快。每条证据都会让你对嫌疑人是凶手的信念有更多证成，但直到你积累了足够多的证据、足够多的证成为止，你才能说你的信念已经证成。你原本对嫌疑人有罪的信念只得到部分证成，而只有到了这时，信念**充分**证成的程度你才积累到了。因此，有某个信念的证成和信念得到证成之间只有程度的区别。当你的某个信念得到证成时，你有的证成就已经突破了阈值。现在，你可以确信自己的信念已经得到证成了。

区分了信念的局部证成与充分证成，我们现在能够说明之前的一个论断了。我们承认，一些认识性顽固者的信念可能也是有证成的。比如，一名反疫苗活动家或许会举出一个接种了

· 031 ·

疫苗的儿童之后被确诊患了自闭症的例子，以此支持自己的立场。仅凭这件事本身不能证成疫苗有害的信念，但确实提供了一定的证据，在这个意义上，它部分证成了疫苗有害的信念。如果你心存疑虑的话，请考虑下面两者的区别。当你问反疫苗活动家为什么相信疫苗会导致自闭症时，他可能会给出两种回答。一种回答是，他说孩子是在接种疫苗后被诊断出自闭症的。他也可能说，他看见孩子接种疫苗后打哈欠了。第二个回答大概会让你摸不着头脑。孩子打哈欠怎么能支持疫苗有害的信念呢？孩子接种疫苗后打没打哈欠似乎与疫苗有没有害完全无关。但这恰恰揭示了为什么反疫苗活动家的第一个回答——孩子接种疫苗后患上了自闭症——为疫苗有害的信念提供了一定的证成。这与评判信念是有关的。如果你对疫苗和自闭症的关联心存疑虑，你就会觉得有必要解释为什么活动家举出的关联证据不足以证成关联真实存在的信念。而如果活动家说孩子接种疫苗后打了哈欠，你就会懒得多做解释，因为任何脑筋正常的人都不会认为打哈欠是疫苗有害的证据。

既然认识性顽固者坚持的许多信念并非没有一定的证成，那这是否意味着，他们其实根本并非认识性顽固呢？如果船东有一些理由相信船是安全的——它之前一直航行顺利，船看起来不错，还有一名算命大师向他保证船适合出海——那么他会不会就不是认识性顽固的人呢？然而，仅仅有理由——哪怕是部分证成信念的理由——并不足以避免认识性顽固，理由总会是有的。认识性顽固的人拒绝考虑恰当类型的证据，而偏爱那些能支持自己喜欢的信念的理由，不管这些理由是多么不充分。尽管有更好的理由要他放弃，他仍紧紧抓住自己的信念。但是，什么是恰当类型的理由呢？什么是能够证成信念而不仅仅是为信念提供证成的理由呢？

何种情况下，你有相信的权利

最基本地讲，只有与信念真假相关的理由或证据才能为信念提供支持。在反疫苗人士举出儿童接种疫苗后患上自闭症的例子中，我们就看到了这一点。诊断出自闭症与疫苗有害信念的真假有关，因为有了这样的诊断，我们就比以前有了更多怀疑疫苗有害的理由。我们还可以换一种方法来看，设想我们之前对疫苗是否有害并无先入之见。然而，当我们得知一名儿童接种疫苗后被确诊患了自闭症时，我们就有了认为疫苗有害的一些依据。而儿童接种疫苗后打哈欠的事实与反疫苗的信念无关，打哈欠在任何意义上都是无害的，因此儿童接种疫苗后打哈欠并未使我们有理由相信疫苗有害。如果我们最初对疫苗危害性持中立态度，那么得知儿童接种疫苗后打哈欠一事并不会改变我们的态度。

支持一个信念的证据必须与该信念的真假有关，**反对一个**

信念的证据也必须与该信念的真假有关。这个想法并不像乍听起来那样奇怪，比如，有一份针对接种儿童的大规模研究发现，接种儿童患上自闭症的风险并不高于未接种儿童（这也正是学术研究的实际发现）。[12]这并不是支持反疫苗信念的证据，但它与信念的真假有关。我们可以说，这是一个与信念相关的证据，相关之处在于它降低了支持反疫苗信念的合理性。显然，在决定是否相信疫苗有害时，我们应该要了解这些关于疫苗长期效应的事实。正因如此，这些事实才算得上是证据，不管它们是证实还是证伪了反疫苗信念。

  当我们考虑判断相关性所涉及的各个因素时，情况就会变得更复杂。这些因素包括其他信念，以及个体现有或能够获取的背景知识。哲学家常常坚称，证成一个信念时要**全面**考虑与信念真假相关的证据。为了说明原因，请再次想象你是一名追辑杀人犯的警探。你在咖啡桌上发现了嫌疑人的指纹，弹道实验室确认了被害人心脏里的子弹是嫌疑人的枪射出的，你也讯问了目击者，他们说自己听到枪声后看见嫌疑人离开了被害人的公寓。这些证据都支持嫌疑人是凶手的信念。如果你只考虑这些证据，你可能会决定现在是时候起诉嫌疑人了。但假设你还有其他一些信念，例如，嫌疑人有值得相信的不在场证明，表示案件发生时他不在被害人附近，当你将其纳入考量时，这些信念便使上述将嫌疑人卷入的证据失效。如果你无视这些"反例"，那么你的嫌疑人是凶手的信念或许就是被证成的。但是，一旦你全面考虑了证据，也就是考虑了你相信一切与他是否谋杀被害人相关的信息，你可能就需要考虑其他嫌疑人了。

认识论学者通常会区分两种反例，一种是**削弱**（undercut）相信某件事理由的间接反例，另一种是**推翻**（rebut）相信某件事理由的直接反例。[13] 间接反例的作用是削弱证据与给定信念的相关性。你有咖啡桌上的嫌疑人指纹，有弹道分析结果，还有足以定罪的目击证词。但假设你恰好知道嫌疑人经常去被害人家里，所以在她家咖啡桌上发现他的指纹并不意外。这个事实削弱了指纹的相关性：指纹不再是相关证据了，因为被害人咖啡桌上的指纹不再是意外发现了。同理，如果你恰好知道嫌疑人的枪最近遗失了，或者借给了一个朋友，那么这就削弱了弹道分析报告与嫌疑人行凶的信念之间的关联。这些证据曾经似乎有力支持了嫌疑人是凶手的信念，如今看起来却没那么有力了。此外，如果你有理由相信目击者因为嫌疑人没还他们的钱而气愤不已，这也会削弱目击证词对牵涉嫌疑人的效力。在上述情况下，间接理由都应该会削弱你对曾经十分确信的信念的承诺。

简言之，间接反例会削弱证据对确证信念的效力。但请注意，我们刚刚考察过的削弱性反例并不会消除嫌疑人是凶手的可能性。尽管有证据表明他的枪遗失了或者借给了朋友，但他可能在作案前找到或要回了枪。同理，尽管听到枪声后看见嫌疑人跑出公寓的目击证词可能是说谎，但也可能是实情。而直接反例是与信念针锋相对,并且支持相反信念的事实。如果你得知嫌疑人当时确实在犯罪现场 3000 多公里以外,那么被害人就不可能是他杀的。类似地,如果嫌疑人在案件发生前几个小时出了车祸,当时正处于诱导昏迷状态,那么他也不可能是凶手。在这两种情况下,我们都有证据推翻了该嫌疑人是凶手的信念。如果他远在千里之外或者处于昏迷之中,那么人就不可能是他杀的。

现在,证成信念时要全面考察证据的要求应该更明白一些了。在寻找针对谋杀嫌疑人的证据时,你不能只考虑支持他是凶手这一信念的证据。如果你知道会击垮正面证据的状况,不管是直接反例还是间接反例,你都必须将这些信息纳入考量。固守已经被削弱或推翻的信念就是坏思考。同理,如果船东只考虑了与"船是安全的"相关的事实,那么船适合出海的信念大概是具有(一定程度的)证成的。但假如他全面考察了证据,他就会发现一批直接或间接的反例。诚然,这艘船过去一直航行顺利,这也是它会再次航行顺利的证据。但是,发现船体局部腐烂的造船工报告削弱了这条正面证据,也可能是造船工美化了船况。然而,如果船东知道这位造船工常常渎职,而且刚刚为一艘后来沉没的船只开具了类似的报告,那么这也会削弱主张船只适合出海的证据。

当全球变暖怀疑论者与反疫苗人士拒绝全面考虑证据,而只盯着确认了他们自己喜欢的信念的事实时,他们就表现出了认识性顽固。他们是如此坚持自己的立场，如此顽固地认为自己必然正确，以至于只考虑支持自己观点的证据，而无视会击垮其观点的证据。我们会看到，这种不全面考察证据，只关注能证成某个信念证据的错误有一个名字，叫作"确认偏误"（confirmation bias），因为这种偏误会**偏爱**某些证据，也就是会确认你信念的证据，而又**反对**某些证据，也就是可能会削弱或推翻你信念的证据。为了避免确认偏误，你必须考察你的所有证据，不管是否支持你的观点。

证成信念时必须全面考察证据的观念有一个有趣的推论：什么算是一个信念的证据可能会因人而异。这是真的，因为你的全面证据是相对于你的背景知识的。如果你知道其他人不知道的事，那么对你来说是证据的事情就未必对别人也是证据；或者对你来说不是，或者不再是证据的事情可能对别人仍然是证据。如果你知道嫌疑人把枪借给了一个朋友，那么弹道分析报告就不再能证成他是凶手的信念了。然而，如果另一位侦办此案的警探不知道朋友借枪的事，那么他可能就会认为，报告为嫌疑人有罪提供了非常有力的证据。如果他后来和你一样了解到嫌疑人曾把枪借给别人了，那么他现在就会像你一样承认弹道分析报告的证据作用很弱了。后来，他又了解到了你不知道的事——枪已经还给嫌疑人了——于是弹道分析报告就又能证成他认为嫌疑人是凶手的信念了，而你仍然会对它的证据效力不屑一顾。类似地，造船工的溢美报告可能会证成一位船东认为自家船只安全的信念，但换作一位知道造船工以能力低下或不诚实而闻名的船东，类似的正面报告可能就不会证成同样的信念。

证成相对于背景知识的观点与我们主张的温和证据主义有关。根据温和证据主义，如果说相信证据不足并且会造成伤害的事是错误的话，那么在你形成关于全球变暖、疫苗等话题的信念时，你就有义务获取尽可能多的证据。当疾病在一群儿童中间蔓延时，反疫苗人士不能以缺乏背景知识，未能认识到反对疫苗有害信念的证据为由给自己开脱。几十年来，支持疫苗有积极意义的信息一直很容易获取。只要花几秒钟时间，我们就能在网上找到对表明接种儿童与未接种儿童自闭症发病率相等的大规模研究的介绍，这一结果应该能平息关于疫苗与自闭症有因果关系的疑虑。这种阻止人们接受证据的坏思考是不可饶恕的。同理，身边的地球正变得越来越热，却依然否认气候变化，只关注全面证据中的一小部分的人在认识和道德上都是鲁莽的。支持气候变化信念的证据很容易找到，不需要受过专门教育或智力超群才能理解。否认气候变化的人为自己的信念给出了证成，却看不到自己能获得的全面证据削弱或推翻了这些证成，从而严重危及了子孙后代，其原因只有坏思考而已。

上述观点可做如下总结：证成一个信念时必须引述支持该信念的证据或理由。只有与信念真假相关的信息才算是该信念的证据或理由。但是，在决定某信息是否相关、相关程度有多大时，你必须将其放到你的其他知识或信念的语境之中。在一些时候，背景知识可能会增强一则证据的效力，而在其他时候也可能会削弱或推翻证据。由于背景信息的不同，人们对一则证据对一个信念的支持程度有不同看法。

相信与知道

其实，为一个信念提供证成是很容易的。只需要一丁点儿想象力就能说出些与信念真假有关的话。比如，我们只需要指出站在海岸线上看地平线，地平线**看起来**是平的，这就为地平论提供了某种证成。地平的表象是地平论的部分证成，因为看上去平或不平与实际上平或不平相关。毕竟，如果地球是平的，你就会期望地球看起来是平的，否则地球看起来就不会是平的（不过，如果你站在一个巨大的球体上，它看上去也会是平的！）。不过，这个对信念的部分证成还是远远达不到充分证成的程度——这应该是显而易见的。

但是，即使承认这一点，你可能还是会想："有理由相信一个信念"在什么时候才能合理跨越到"一个信念得到了充分证成"？从哪一个点开始，你就能从"有理由相信某件事"变成"相信某件事得到了证成"？在谋杀案调查中，你收集到了越来越多表明嫌疑人就是凶手的证据。终于，你确定自己搜集到的证据足以证成嫌疑人有罪的信念了。但是，多少证据才算够呢？如果你是受理此案的检察官，你会如何说服陪审团不仅相信有证据表明嫌疑人有罪，还相信他的罪行得到了充分证成呢？你的证据能够多到你不仅能够说明嫌疑人是凶手的信念得到了证成，而且你确实**知道**他就是凶手这样的程度吗？类似地，如果船东在自辩时坚持说，尽管可能有一些支持船不安全的证据，但还不足以证成船确实不安全的信念，这时你要如何回应呢？多少证据才足够证成船不安全的信念？如果能知道船不安全的话，什么时候才算是**知道**呢？

可惜，这种问题没有确切的答案。关于证成任何特定信念需要多少证据，需要多少证据才能说你**知道**某件事，哲学家之间的意见分歧不亚于普通人。但即便承认这些议题存在意见分歧，了解证成、真和知识的一些基本关系也是有益的。

我们可以从一个之前提到过的点开始讲。证成应该会提高一个信念为真的概率。与没有证成的信念相比，有证成的信念更可能为真。如果你有证据或理由相信明天会下雪，或者电池快没电了，或者铁有磁性，那么这些信念中的每一条为真的可能性都会高于你没有证据或理由相信的情况。你可以将证成理解成一个程度不一的量：一个信念具有的证成量越大，它为真的可能性就越高。如前所见，这正是基于证据的信念与基于信心的信念之间的一个区别。你对一个信念有多少信心不会影响信念为真的可能性。

但是，尽管证成能提高一个信念为真的可能性，却不能**确保**它为真（除非证成中涉及某种逻辑论证，我们之后会讲到）。这就是说，我们可以融会贯通地谈论得到了非常好的证成但依然是虚假的信念。类似地，我们也能完全合理地谈论证成得非常差但却真实的信念。归根到底，证成不会让一个信念为真。一个信念为真不是**因为**它得到了证成，而是因为它恰好准确地报告了事物的状况。只有在车确实**是**快没电的情况下，车快没电的信念才会为真。证成这一概念关切的是，你是否**应该**相信车快没电了。如果车真的快没电了，并且你有大量证据可以相信车快没电了，如发动机打不着火，或者电量表读数快到零了，那么在这种情况下，证成就没有误导你。从认识论角度看，你相信了你应该相信的事情，而且你应该相信的事情是真的。

但是，证成有时会骗人。咖啡桌上的指纹、弹道分析报告、目击证词，这些都证成了你认为嫌疑人谋杀了被害人的信念。但因为证成不会让一个信念为真，所以我们还是可以问，他是否果真是凶手。鉴于他是凶手的信念有证成，所以相比于根本没有证成的情况，这个信念为真的可能性会更高。但是，即便是得到大量证成，信念也仍然可能为假。嫌疑人或许是遭到了仇人陷害。仇人邀请嫌疑人去被害人的公寓，于是家具上就会出现他的指纹；他偷走了嫌疑人的枪，于是弹道分析报告就会将嫌疑人认定为凶器持有者；他还出钱让人撒谎说看见嫌疑人从被害人公寓里跑了出来。因为你不知道仇敌陷害嫌疑人的举动，所以你的全面证据中完全不包含这些事实。鉴于你知道的情况，你相信嫌疑人就是凶手。你的信念得到了证成，却是假的。

然而，被害人的妹妹确信真凶是陷害嫌疑人的仇人。她根本不相信一开始的嫌疑人是凶手。她知道但无视了证成嫌疑人有罪的证据。她雇了一名通灵师，对方向她保证，真凶是嫌疑人的仇人。她相信被害人被仇人害死的唯一理由就是通灵师的说法。通灵师的话当然不能信任，对任何信念来说其都是糟糕的证成。于是，即便被害人真是被嫌疑人的仇敌所杀，嫌疑人妹妹的信念也是未证成的（或者说，证成极不充分）。在这种情况下，被害人的妹妹有一个未证成的**真**信念（相比之下，你有一个证成的**假**信念）。

证成的信念可能为假，未证成的信念可能为真，这就提示了一种区分证成信念与**知识**的方法。直观来看，说自己**知道**某件事要强于说自己的某个信念得到了证成，正如说自己的某个信念得到了证成要强于直接说自己相信某件事。你可以相信嫌疑人是凶手而没有证成；你也可以有证成地相信嫌疑人是凶手，同时又不**知道**他是凶手。现在，你应该已经熟悉单纯的信念与证成的信念之间的区别了。只有当你具有与信念真假相关的证据或理由时，你的信念才是证成的。但是，证成的信念与知识有什么区别呢？

为了回答这个问题，我们需要回到之前的一个问题，讲的是信念有证成和信念得到充分证成的区别。多少证据才能让一个仅仅有证成的信念，变成一个得到证成的信念？回答这个问题的一种方法是将信念想象成和其他报告一样，可以给信念的真假指派概率。正如我们可以问一篇报纸文章为真的概率有多大，我们也可以对信念提出同样的问题。随着对报纸文章和信念两种报告的证成越来越多，报告为真的概率也会提高。一开始，相信嫌疑人有罪的信念为真的概率可能很低。但后来你了解到了指纹、弹道分析报告等，于是你的信念为真的概率也升高了。如前所见，嫌疑人杀死了被害人这一信念或者为真，或者为假，而且信念的真假取决于他是否确实杀死了她。但是，我们仍然可以谈论，根据你手头的证据，他杀死了她的**概率**有多大。因此，我们可以做这样的假定：如果根据你的证据和理由，他杀了她的概率大于他没有杀她的概率，那么你相信嫌疑人是凶手的信念就得到了证成。换句话说，当现有证据让信念为真的可能性高于信念为假时，有**一定**证成的信念就进化成了**得到证成**的信念。

对于信念何时得到证成的问题，这个答案还有一些明显的缺陷。事实上，它似乎只是将问题往后推了一步。我们的假定是，当证据让一个信念为真的概率大于其为假的概率时，这个信念就得到了证成。但是，我们怎么知道这会在什么时候发生呢？在哪一个点上，证据才终于让嫌疑人杀死了被害人的概率高于没杀呢？这里会有意见分歧。有人可能认为，单凭弹道分析报告就足以确定他有罪。其他人会要求更多证据，除非有可信的目击证词为弹道分析报告做证，否则不会同意他有罪。可惜，大多数情况下都不存在万无一失的办法能确定一条证据有没有让信念为真的概率超过50%。然而，既然我们关切的是认识和减轻当今世界肆虐的坏思考，所以我们也不需要这样的办法。凡是有理性的人，只要掌握了很容易获取的证据，应该就不会怀疑疫苗的益处、全球变暖的事实、桑迪·胡克小学的悲剧、巴拉克·奥巴马的出生地，等等。

现在回到证成信念与知识的区别上来。请记住，宣称知道某件事要强于宣称有某个证成的信念。有证成地相信嫌疑人是凶手是一回事，知道他是凶手就完全是另一回事了。上面的提议——当证据让一个信念为真的概率大于其为假的概率时，这个信念就得到了证成——可能会让你觉得，知识只不过是一种证成程度**非常**高的信念。比如，如果说证成嫌疑人是凶手需要这个信念为真的概率高于其为假的概率（也就是说，信念为真的概率高于50%），那么，**知道**嫌疑人是凶手可能就要求这个信念有90%，或者99%的概率为真。但至少自从苏格拉底以来，哲学家们一直坚持认为，证成信念与知识的区别不能纯粹用一个信念可得证成数量的多少来界定。知道某件事需要的不只是极大量的证成。

关键在于认识到有一些证成的信念可能是假的，有一些未证成的信念也可能是真的。在后一种情况中，你的一个信念碰巧为真，而你并无对其的证成。这时，我们应该会否认你拥有知识。当被害人的妹妹从通灵师熟人那里听到凶手是嫌疑人的仇人时，她不能宣称自己知道他是凶手，即便他真是凶手。就仇人有罪的证据而言，来自通灵师的证成并不比瞎猜、抛硬币或无根据的直觉更好。因此，证成必然在合法的宣称知识中扮演着一定的角色。另外，由于仇人巧妙而邪恶的布置，有大量证据表明是嫌疑人杀了被害人，尽管他并没有杀她。你认为嫌疑人是凶手的信念相当强地得到了证成，但你并不**知道**他是凶手，因为这个信念是假的。因此，证成不可能是宣称知识中的**唯一**考量。

那么，除了证成以外，知识还有什么必要条件呢？哲学中标准的"知识"概念不仅要求一个信念得到证成，还要求它是真的。你，负责侦办的警探，被嫌疑人的仇人耍了。由于他的伎俩，你有"嫌疑人是凶手"这个证成的信念，但你并不知道他是凶手，因为你的信念是假的。知识既需要信念得到证成，**也**需要信念为真。不管你证成多少，你都不能知道一件虚假的事。简言之，知识是证成的**真信念**。[14]

你不能知道一件假的事，这看似可能有些奇怪（你当然可以知道一件事**是**假的）。然而，按照这项要求，知识就属于那种要求外界处于特定状况的东西了。你不能**看见**远处的一条龙，因为龙不存在。类似地，如果没有蜂鸣声，你就不可能**听见**蜂鸣声。知识也是同理。如果事实上疫苗无害的话，那么反疫苗人士就永远不可能知道疫苗有害，不管他的反疫苗信念有多少得到证成。类似地，不管出生地怀疑论者收集了多少证据来证成奥巴马总统不是美国公民的信念，他都永远不可能知道奥巴马不是美国公民，因为奥巴马确实是美国公民。鉴于当时的天体观测结果，再加上伽利略借助望远镜的发现是几百年以后的事，12世纪的人认为"太阳绕着地球转"的信念是得到证成了的。在爱因斯坦发现相对论之前，物理学家自以为知道宇宙遵循牛顿定律。毕竟，牛顿物理学是当时证成最充分的科学理论。然而，一旦爱因斯坦用另一种理论取代了牛顿物理学，之前的物理学家就都错了。中世纪的人和牛顿主义者所谓"知道"宇宙的原理，其实归根到底并不知道。如果未来的发现表明爱因斯坦错了，那么就永远不会有人**知道**相对论是真的了。

再论认识性顽固

我们已经介绍了认识性顽固的概念，还粗线条地考察了若干阐明"信念证成"的重要哲学概念。认识性顽固的人并不像网络新闻平台 Patch 文章中所说的那样是傻子，而是没有按照完备的理性探究的标准进行思考。他们的信念或许证成些许，但并未充分证成。从认识论角度看，他们不应该相信自己相信的事。此外，他们具有正确信念的证成，但没有给予其应有的重视。从认识论角度来看，他们应该相信自己不相信的事。此外，当认识性顽固者选择接受会为他人带来潜在伤害的信念时，他们也犯了道德上的罪。从道德角度看，他们不应该相信自己相信的事。

现在，我们要从这些关于证据、证成、真和知识的抽象概念转向更具体的内容，探讨如何进行负责任的推理。从纯概念角度理解证成信念与未证成信念的区别是一回事，至于锻炼运用推理规则的能力以帮助你避开未证成的信念，航向证成的信念，那就是另一回事了。

第二章 如何做一个讲道理的人
HOW TO BE REASONABLE

亚瑟·柯南·道尔的小说《血字的研究》(A Study in Scarlet)第二章题为"演绎法"。大侦探歇洛克·福尔摩斯向华生医生解释了自己是如何刚一见面,就知道华生刚刚从阿富汗回来的。福尔摩斯运用他的"演绎法"做了如下推理:"这一位先生,具有医务工作者的风度,但却是一副军人气概。那么,显见他是个军医。他是刚从热带回来,因为他脸色黝黑,但是,从他手腕的皮肤黑白分明看来,这并不是他原来的肤色。他面容憔悴,这就清楚地说明他是久病初愈而又历尽了艰难困苦。他左臂受过伤,现在做动作还有些僵硬不便。试问,一个英国军医在热带地方历尽艰难困苦,并且臂部负过伤,这能在什么地方呢?自然只有在阿富汗了。"[1] 柯南·道尔的小说中遍布表现福尔摩斯演绎能力的其他例子。我们再来看另一个例子,这有助于阐明证成结论的两种方式之间的根本区别。

在短篇小说《银色马》(Silver Blaze)中,福尔摩斯与华生乘坐卧铺火车前往金斯皮兰。机敏的侦探希望破解那里的一起赛马失窃加骑师被害案。[2] 银色马从马厩中神秘失踪，假如它只是在荒原上溜达，那么人数众多的搜索队肯定会注意到它。福尔摩斯知道马"爱合群"，遂心生疑窦：如果没有被抓起来的话，它肯定会努力回到金斯皮兰，和其他马做伴。或者，它也有可能去了梅普里通的另一处马厩。接着，通过下面的推理，福尔摩斯证成了关于去哪里找马的决定："我已经说过，它不是到金斯皮兰就是到梅普里通去了。现在不在金斯皮兰，那一定在梅普里通。"

在这两个例子中，我们都有一个结论——华生不久前还在阿富汗，丢失的赛马银色马在梅普里通——和一段对结论的证成。如前所见，"证成"主要是为信念提供支持的理由或证据。理由或证据会提高一个结论为真的概率。但这到底是怎么一回事呢？我们可以用何种方式证成结论呢？

这个问题与前一章里的问题不同。我们之前是宽泛地探讨了什么是证成，还有为什么最有希望对抗认识性顽固代表的那种坏思考的途径就是真正尊重证成。现在的任务是考察哲学家发展形成的一些基础推理类型，其中有一些可以追溯到几千年前，至少可以追溯到亚里士多德，而另一些则相当晚近，是在哲学家试图为科学推理奠定坚实基础的过程中萌发的。这些推理模型向我们展示了如何证成一个信念。如果你将这些模式运用到自己的推理中，那么你的信念得到证成的机会就有了保障，至少机会会尽可能大。认识性顽固的人似乎还特别容易犯一些常见的谬误。没有人的推理能永远尽善尽美,包括哲学家在内。然而,熟悉好推理和坏推理分别是什么是对抗坏思考的重要的第一步。

让我们回到歇洛克·福尔摩斯的两个推理案例。有意思的是,严格来说,福尔摩斯用来确定华生近期去处的"演绎法"根本不是演绎推理,但另一个例子是。第一个例子中的非演绎推理与第二个例子中的演绎推理有何不同呢?为什么有些推理是演绎推理,有些不是呢?

简短答案是:正确的演绎推理——这是本章的主题——**能够确保**如果前提为真,则结论必为真。这一点对任何其他类型的推理,任何非演绎推理都不成立。只有演绎推理能确保在支持结论的前提为真的情况下,结论也一定为真。相比之下,在任何其他非演绎推理中,前提为真都不足以确保结论为真,最多不过是前提为真会让结论**很可能**为真。由于演绎推理的保真性,它是一种证成信念的有力手段。在正确的演绎推理面前,任何同意其前提而否定其结论的人都是在犯错,他犯了认识性错误。从认识论角度看,他没有做出应该做出的推理。尽管非演绎推理——下一章中会讨论非演绎推理的一些形式——不像演绎推理这样值得信赖,但也有一些演绎推理没有的好处。

形式正确

有效性（validity）和可靠性（soundness）等概念与演绎推理有关。阐明这些术语的含义对理解演绎推理的原理至关重要。为了说明"有效性"等术语的日常用法与哲学用法之间有着多么巨大的差距，请看如下论证：

（1）如果 Σωκράτης εστιν ανθρωπος，那么 Σωκράτης εστι βρότος。
（2）Σωκράτης εστι βρότος。
（3）所以，Σωκράτης εστιν ανθρωπος。

我们将它称作一个"论证"的意思只不过是，它是一组句子，其中前两个句子是用来支持或证成第三个句子。第三个句子里出现的"所以"是结论的提示词，所以前面就是前提。但是，这个论证是否具有演绎有效性？听到这个问题时，你的第一个想法可能是："我怎么知道？这（基本上）是希腊文啊！"然而，哲学家看到这个论证——哪怕是一个不懂希腊文的哲学家——能够轻松判断它是否有效。

有效性是论证的一种**形式**属性，或者更精确地说，是演绎论证形式的一种属性。为了理解论证具有特定形式的想法，我们可以类比其他根据形式定义的语篇。例如，俳句是一种定型诗：一首俳句必须有三行，第一行有五个音拍，第二行有七个音拍，第三行又有五个音拍。请注意，只要掌握了上述规则，你就算完全不懂字句的含义（尽管你必须知道每个字有几个音），你也能辨认出俳句。同理，只要你知道一首英语五行打油诗（limerick）有五行，还有一种非常特殊的格律，你就能辨认出五行打油诗，即便你根本不知道它讲的是什么。重点在于，俳句和五行打油诗都是由形式而非内涵或语义定义的。

论证与诗歌一样可以从形式上做分析，正因如此，你才能够考察上面这个恰好与苏格拉底有关的论证，并判断它是否具有演绎的有效性，哪怕你一个希腊文单词都不懂。正如俳句和五行打油诗的结构必须遵守某些形式规则，有效的论证也是如此。如果上面的论证满足了论证有效性规则，那么它就是有效的，不管它讲的是什么——不管论证里的词语是什么意思。类似地，如果论证没有满足有效性规则，那么它就是无效的；它不是真正的演绎推理。那么，有效形式的论证必须遵循什么规则呢？

在回答这个问题之前，让我们先回到演绎论证具有特定形式这一点上来。再想一想俳句的定义规则。前面已经简单描述了这项规则：一首俳句必须有三行，第一行有五个音拍……但我们也简单地说过，任何符合下列形式的文字都是俳句：

× × × × ×
× × × × × × ×
× × × × ×

为了避免混淆，我们可以明确说，俳句形式中的"×"都是音拍的占位符，就像空格一样，可以填入任意音拍。一个 × 代表一个音拍。填完以后，你就骄傲地写出了一首俳句。

现在，我们可以将这个想法运用到演绎论证中。鉴于演绎论证不是用包含的音拍数目和排列方式来定义的，所以我们需要做一些修改。提取论证形式的关键**将**在于论证中的一些单词串会出现在多个前提中。我们必须确保在描述论证形式时保留这一特征。我们再来看前面举出的论证：

（1）如果 Σωκράτης εστιν ανθρωπος，那么 Σωκράτης εστι βρότος。

（2）Σωκράτης εστι βρότος。

（3）所以，Σωκράτης εστιν ανθρωπος。

请注意，第一个前提中的"如果"后面跟着一串单词，然后是"那么"，"那么"后面跟着另一串不同的单词（即便两个单词串包含一部分相同的单词，它们也是不同的）。第二个前提是第一个前提中"那么"之后单词的重复。最后，结论中有"所以"一词，后面是第一个前提中"如果"之后单词的重复。观察到了这些现象，我们就可以将论证形式表示如下：

（1）如果 A，那么 B。

（2）B。

· 055 ·

（3）所以，A。

正如俳句中的"×"可以代表任何音拍一样，A 和 B 也可以代表任何不同的单词串，只要是陈述句就行。在这个例子中，A 代表 Σωκράτης εστιν ανθρωπος，B 代表 Σωκράτης εστι βρότος。但是，我们也可以构建一个形式**相同**，但用其他单词串来替换 A 和 B 的论证，比如：

（1）如果珍妮特喜欢看恐怖片，那么她是勇敢的人。
（2）珍妮特是勇敢的人。
（3）所以，珍妮特喜欢看恐怖片。

因为后一个论证的形式与前一个论证相同，并且论证的有效性只取决于形式，所以我们可以说：如果两个论证中的一个有效，那么另一个也有效；如果一个无效，那么另一个也无效。

如前所见，与俳句不同，辨认演绎论证的形式不需要考虑音拍数。这种论证的前提和结论中出现的单词串可以有任意数目的音拍。另一个区别是：俳句都有**同一个**形式，而演绎论证可以有**多种**形式。这一事实带来了多个问题。或许最基本的问题是一个我们到目前只是浅尝辄止的问题：如果演绎论证可以有多种形式，那为什么有些论证是演绎，而有些不是呢？为什么福尔摩斯关于到哪里去找银色马的论证是演绎，但关于华生从何处而来的论证就不是呢？接下来的一个问题会把我们带回到有效性的议题上。如果一个有效的演绎论证能确保前提为真，则结论必为真，那么鉴于演绎论证可能有多种不同的形式，我们怎么能知道哪些形式有效，哪些无效呢？哪些论证是**有效**的演绎论证，哪些不是呢？

第一个问题不能与第二个问题分开回答。事实上，演绎论证就是满足有效性规则的论证。一切具备形式有效性的论证都是演绎论证。[3] 另外，有些论证可能看似是演绎论证，实则不是。哪怕前提是正确的，也推导不出结论。我们或许可以用"形式上无效"来形容这些貌似是演绎论证而实非的论证。这就体现了如下想法：正如演绎推理因其形式而有效一样，有些貌似演绎的推理也因其形式而无效（因此不是真正的演绎推理）。

上面讲珍妮特的论证就是一个例子。它看着当然像是演绎推理，但即便我们假定它的前提为真，即便结论也**为真**，但从前提中并不能推出结论，这意味着，就我们所知（也就是论证的前提），结论有可能为假。这是因为论证的第一个前提只告诉我们，**如果**珍妮特喜欢看恐怖片，那么她是勇敢的人。我们还不知道珍妮特喜不喜欢看恐怖片。接着，第二个前提只告诉我们珍妮特是勇敢的人。然而，有许多勇敢的人可能不喜欢恐怖片。勇敢可以有各种与观影偏好毫无关联的原因，也许是珍妮特在战争中表现英勇。于是，前两个前提可以是真的，而结论仍然是假的。**如果**她喜欢看恐怖片，那么她是勇敢的人，这可以是真的；她**是**一个勇敢的人，这也可以是真的；但是，她喜欢看恐怖片，这有可能是假的。即便她恰好喜欢看恐怖片，这个真结论也不是从真前提中推导出来的。

因为论证有着清晰的形式，所以我们可以来看另一个相同形式的不同论证，能够更容易地看出为什么关于珍妮特的论证是无效的：

（1）如果珍妮特是数学家，那么珍妮特知道 2+2=4。

（2）珍妮特知道 2+2=4。

（3）所以，珍妮特是数学家。

与另一个关于珍妮特的论证一样，我们可以假定该论证的前提为真，但它并不有效。就算承认前提为真，珍妮特也可能不是数学家。如果你有疑问的话，请将珍妮特的名字换成**你的名字**（假设你不是数学家）。正如许多知道 2+2=4 的人不是数学家一样，也有许多勇敢的人不喜欢看恐怖片。

现在，含有希腊文短语的论证显然也肯定是无效的，因此根本不是演绎论证。就算你不懂希腊文，你也知道这一点，因为这个论证的形式与关于珍妮特的无效论证相同。下面用中文来表述关于苏格拉底的论证。

（1）如果苏格拉底是人，那么苏格拉底会死。

（2）苏格拉底会死。

（3）因此，苏格拉底是人。

请注意，尽管这个论证无效，但它的两个前提和结论都为真。这便强化了形式无效论证的要点所在：这些论证可能确实既有真结论，也有真前提。它们无效的原因并非得出了假的结论，而是前提没有**证成**结论——结论不能从给定前提中推导出来。（我们会看到，不仅无效论证可以有真结论，有效论证也可以有假结论。论证有效不在于得出了真结论，而在于前提证成了结论，哪怕结论是假的。）

我们已经看到，有些论证形式无效，因而不是真正的演绎论证。那么，形式无效论证与其他非演绎论证有什么区别呢？这个问题的最佳答案或许是，构思形式无效论证的人有一种特定的**意图**：结论的真实性**应该**仅仅依赖于论证的形式。形式无效论证的构思者意图提出一个真正的演绎论证，但是失败了。希望借助上面的论证来证明珍妮特勇敢的人有一种**意图**，那就是论证形式本身即可确保结论为真，尽管并没有确保。相比之下，当福尔摩斯得出华生曾在阿富汗服役的结论时，他的论证似乎完全不取决于形式属性。而且尽管福尔摩斯自信得令人恼火，但就连他也不得不承认，即便他做出的假定是真的，他得出的结论也可能是假的。关于华生风度、肤色、手臂形成的角度等事实并不能排除他来自阿富汗以外地区的可能性：他可能来自印度，可能在英属西印度群岛度假。华生也许是为了欺骗福尔摩斯，专门提前改变了皮肤的颜色，装出特定的气派。毕竟，大侦探本人也常常靠易容变装来掩饰自己的真实身份。由于类似的或其他的原因，他对华生做出的结论可能是错误的。

福尔摩斯关于银色马位置的推理则似乎**确实**具有演绎论证特有的意图——仅凭论证的形式来得出绝对确定的结论。论证如下：

（1）马要么在金斯皮兰，要么在梅普里通。
（2）马不在金斯皮兰。
（3）所以，马在梅普里通。

这个论证很容易用一种特殊形式（要么 A 为真，要么 B 为真，A 不为真，所以 B 为真）来代表，意图也是从前提中推导出绝对确定的结论——如果前提为真，则结论不可能为假——这些都表明福尔摩斯认为自己在给出一个演绎论证。

于是，演绎论证是为结论提供证成，并确保结论为真的论证。演绎论证是凭借特定形式——有效形式——做到这一点的。但我们已经看到，并非每一种论证形式都有效，并非每一个**貌似演绎**的推理都能确保结论为真。因此，熟悉有效的论证形式很重要，能够辨别无效形式——谬误论证——也是必要的。如果你想具备识别他人坏的形式推理的能力，或者避免自己陷入坏的形式推理，那你就需要有区分有效论证和无效论证的能力。

如何进行有效论证

逻辑学家——主要是专攻逻辑学的哲学家——用了大量时间来确定哪些论证形式有效，哪些形式无效。归根到底，这与高中几何课上学到的思想相去不远。在几何课上，你要从若干无可辩驳的真理出发，这叫作"公理"；然后从公理推导出其他真理，这叫作"定理"。因为定理是按照保真规则从公理中推导得出的，所以定理也必然为真。类似地，逻辑学家能够说明任意一种论证形式是有效还是无效。

逻辑学家的成果就是一份有效论证形式的列表，这些形式叫作"推理规则"，各有一个说明性的名字。有效论证有着无穷多种形式，但推理规则的用处尤其大，部分原因是它们的有效性一目了然。利用这些推理规则，你就可以从前提推导出结论，同时确信论证是有效的。一旦你熟悉了哪些论证形式是有效的，便能轻松评判任意一种论证形式是否有效。如果论证符合一种有效论证的形式——如果它是某条推理规则的实例——它就是有效的，否则就是无效的。

福尔摩斯关于到哪里找银色马的论证是一种有效论证形式的实例，逻辑学家将这种形式称作**选言三段论**（disjunctive syllogism）。我们前面已经见过了选言三段论，它的形式如下：

（1）要么 A，要么 B。

（2）非 A。

（3）所以，B。

因为这种形式是有效的，所以我们可以把任意句子插进 A 和 B，结果都会是有效的论证。因此，下面两个论证都是有效的。

（1）要么国王吃了蛋糕，要么王后吃了蛋糕。

（2）国王没吃蛋糕。

（3）所以，王后吃了蛋糕。

以及

（1）要么房子烧掉了，要么警察逮捕了纵火犯。

（2）房子没有烧掉。

（3）所以，警察逮捕了纵火犯。

因为这两个论证都具有选言三段论的形式，而且选言三段论是一种有效的论证**形式**，所以我们知道这两个论证都是有效的。这就是说，我们确切地知道，如果论证前提为真，那么结论也必然为真。事实上，大多数人每天都在不假思索地运用隐性的选言三段论：

（1）果酱要么在橱柜里，要么在冰箱里。

（2）果酱不在橱柜里。

（3）所以，果酱在冰箱里。

另一种有效的论证形式叫作**肯定前件式**（modus ponens）。原文为拉丁语，可以大致翻译为"肯定法"。它的形式如下：

（1）如果 A，那么 B。

（2）A。

（3）所以，B。

这一形式看上去类似于我们考察苏格拉底和珍妮特论证时见到的形式，但我们现在知道，那些论证的形式是无效的。这种无效论证形式被描述为"肯定后件谬误"。这样称呼是有道理的，因为在一个形式是"如果 A，那么 B"的句子（通常叫作"条件命题"）中，替代 A 的句子叫作"前件"，替代 B 的句子叫作"后件"。因此，肯定后件谬误就是错误地认为，因为一个条件命题的后件为真，所以前件也为真。在珍妮特的例子中，根据"如果珍妮特喜欢看恐怖片，那么她是勇敢的人"这个条件命题，我们仅仅因为肯定了珍妮特是勇敢的人（条件句的后件），就得出了珍妮特爱看恐怖片（条件句的前件）的结论。事实上，有效的论证应该是反过来的：正如肯定前件式这一论证形式所示，如果一个条件命题的前件为真，那么它的后件也为真。

此外，与选言三段论的情况一样，只要你知道了肯定前件式是一种有效的论证形式，你也就知道任何具有这种形式的论证都是有效的。因此，下面的论证必然有效：

（1）如果蚊子有六条腿，那么蚊子是昆虫。
（2）蚊子有六条腿。
（3）所以，蚊子是昆虫。

这个论证也有效：

（1）如果金星是一颗行星，那么独角兽存在。
（2）金星是一颗行星。
（3）所以，独角兽存在。

鉴于后一个论证的结论无疑是假的，你得知它是有效论证时或许会感到惊讶。但是，你的反应忽视了有效性的重点。要记住，有效性只与论证的**形式**有关，而与论证中句子的意义无关。因为一个论证的结论是假的，就否认它的有效性，就好比因为一首诗傻里傻气、令人不快、干瘪乏味甚或是不知所云，就否认它是一首俳句。一首诗是不是俳句，只看它的形式；同理，一个演绎论证是否有效，也只看它的形式。

但是，如果有效论证可能有假的结论，那有效性还有什么用呢？有效论证形式的发现是人类当之无愧的最伟大思想成就之一。第一个原因是，它让你能够发现**无效**论证也就是推理谬误的例子，这绝不是平凡无奇的成就。本书的首要目标就是识别各类坏思考（我们也希望能提供补救的手段），而逻辑谬误正是名列榜首。

此外，了解有效的推理形式也为我们提供了从**真**前提推导出真结论的万无一失的手段。如果一个论证的前提**不**为真，比如独角兽论证中的第一个前提，那么有效性就不会神奇地保障结论为真。有效论证形式本身不能让结论为真，还需要前提的帮助。但是，如果前提恪尽职守的话——如果前提是真的——那么接下来就看有效论证形式了，这能够确保得出真的结论。

你想一想，这是很了不起的事。福尔摩斯的第一个论证是关于华生最近生活在哪里的，它不是有效的。即便它的所有前提都为真，华生也并非不可能是从阿富汗以外的地方来到伦敦的。而假定福尔摩斯的第二个论证的前提为真，那么它**确实**得出了确定的结论：银色马**必然**在梅普里通。鉴于福尔摩斯的推理具有选言三段论的形式，且论证前提为真，所以银色马确实不可能在梅普里通以外的任何地方。

独角兽的例子表明，有一些有效论证的前提为真，也有一些不为真。当哲学家用"可靠"来形容一个论证时，他就提出了一个比"有效"更强的主张。在哲学术语中,"可靠"论证是前提为真的有效论证。因此,与有效的独角兽论证(包含一个假前提)或无效的珍妮特论证(前提和结论可能都为真,但还是犯了肯定后件谬误)不同,可靠的论证**必然**有真结论。因此,在进行演绎推理时,哲学家应该追求的是可靠论证——事实上,所有人都应该如此。

乞题

不过,我们对上述建议有一条重要的告诫——凡是讨论坏思考时都必须注意。在坏思考者最常犯的错误里面,有一种是名为"乞题"(begging the question)的谬误。可惜,这个名字本身就会让人迷糊。你可能经常听到对它的误用,比如在这个情境中:"汽油需求上涨**乞题**油价是否会升高"或者"网球选手受伤乞题能否进军决赛"。在这些例子中,"乞题"就是"提出问题"的意思。但严格来说,这并不是乞题的实际含义。公平地说,"乞题"也并不是对这个实际含义的良好说明。原来"乞题"是大约五百年前对一个拉丁文短语 petitio principia 的误译,而这个拉丁文短语又是对再往前将近两千年时亚里士多德提出的一个希腊文短语的误译。

为了理解乞题涉及的那一种坏思考,假设你不确定马达加斯加是不是一个岛，于是你去问一个朋友。你的朋友相信马达加斯加是一个岛，并试图用下列论证说服你：

（1）马达加斯加是一个岛。
（2）所以，马达加斯加是一个岛。

这个论证有着很明显的缺陷，但我们不能批评它不有效，它是有效的！如果前提为真，那么结论也必定为真——结论和前提都一样，怎么可能不为真呢？此外，这个论证也是可靠的。我们知道这一点，是因为前提是真的——马达加斯加是一个岛。于是，我们有了一个前提为真的有效论证，这正是可靠性的定义。

这个论证的缺陷不在于它不可靠，而是任何质疑其结论的人都不会愿意接受它的前提。如果一个论证的前提和结论说的是一回事，那么它就永远不能说服别人相信一个本来不愿意接受的结论。在本例中，如果你拒绝相信马达加斯加是一个岛，或者仅仅是不确定它是不是一个岛，你就会否认或者怀疑认为它是一个岛的前提。这是一个循环论证：除非你已经相信了结论 B，否则你不会同意前提 A；但如果你不同意 A，你就不能相信 B。

当然，这个马达加斯加论证的缺陷很容易发现，因为前提和结论的每个字都一样。但假设你的朋友是这样论证的：

（1）马达加斯加四面环水。

（2）所以，马达加斯加是一个岛。

这个论证尽管比前一个论证隐蔽一点，但也是乞题。[4] 为了看清这一点，请想象你知道岛的定义是什么，然后还是怀疑马达加斯加是不是一个岛，于是希望朋友给出要相信它是一个岛的有力理由。但如果你怀疑马达加斯加是不是一个岛，那么你就应该怀疑马达加斯加是否四面环水，因为岛就是四面环水。朋友的论证是乞题。论证是可靠的，但依然没有说服力，因为凡是质疑结论的人都不会同意它的前提。

一旦你熟悉了乞题谬误蕴含的这种坏思考，你就会发现它随处可见。乞题论证的一个经典例子是：

（1）《圣经》里的话是神启，里面说神存在。

（2）所以，神存在。

如果你将自己代入这个论证的目标受众中，也就是质疑神是否存在的人的视角中，那么这段推理中蕴含的坏思考一下子就清楚了。如果你质疑神是否存在，那你为什么要同意《圣经》是神启呢？只有同意结论的人才会接受它的前提。虽然这个论证是有效的（我们不会评论它是否可靠），但仍然不是一个好论证。

疫苗会导致自闭症，所以是有害的。人类活动不可能导致全球变暖，因为任何人做任何事都不可能导致气候发生变化。新冠疫情是一场骗局，因为政府仰仗的医学"专家"在胡编乱造。这些论证都是乞题，在互联网上太常见了，而且更严重的是它们出现在了貌似权威的访谈中，因为这些访谈是登载在主流媒体中的。这些论证可能是有效的（我们乐于评论它们的可靠性——不可靠！），但出于我们现在能够辨清的原因，它们还是有缺陷的。

为什么要关心演绎推理

在结束对演绎推理的讨论之际，我们要考察它与本书总体目标的关联：治疗正在危害当今的美国乃至全世界的坏思考。如果识别和构建演绎论证似乎需要关于有效论证形式的专门知识，而且这种知识可能并不容易获取或应用，那么用演绎论证来入门好思考又有什么益处呢？这确实是一个合理的顾虑。但是，了解一些演绎论证的基本特征还是有价值的，原因有以下几点。首先，就算你不能确定自己对一个立场的论证或证成是否有效，演绎论证应该用有效性来评估仍然是一种有力的思想。任何做出演绎论证的人——不管是你还是某个谈话者——都背负着相当沉重的负担。试图证明你的结论不可能为假的代价就是，你必须遵循某些非常严格的规则。如果你怀疑任何一个貌似演绎的论证违反了这些规则，你都可以堂堂正正地发出挑战。

其次，在关于全球变暖、疫苗安全性、5G网络是否促进了新冠疫情等重大议题的讨论中，人们常常会发表免责声明，说一方或另一方有观点自由，仿佛这就足以结束争议似的。然而，尽管人们对于演绎论证中特定前提的真假可能会有异议，但我们不应该容忍关于有效性的观点分歧。论证有效性是一个（逻辑上的）客观事实，不受主观观点的影响，就像正方形有四条边一样。这应当会为辩论带来耳目一新的严格性。这意味着，任何给出演绎论证的人在受到挑战时都必须能够为论证的有效性辩护。演绎论证的有效性不存在"求同存异"的空间。

最后，因为有效的演绎论证是最强的信念证成，所以努力遵守确定有效性的严格规则可能是值得的。如果你能够为自己的立场提供一个不仅有效而且只包含真前提（因此具有可靠性）的论证，那你就证明了你的结论，而且不需要提供其他任何依据了。另外，如果你试图给出这样的论证但看不到成功的路径，你仍然可以学到一些重要的东西。你发现，你想要证成的结论不可能必定为真。然而，在有了这个发现后，你并不需要放弃自己的立场，而只是表明你需要用其他办法来证成结论。这样虽然不能得出绝对确定的结论，但至少可以让结论为真的概率很高。

这就将我们引入另一种经典的推理形式中。它得出的结论虽然达不到演绎推理那么确定，但往往是我们能做到的最好程度。这种推理形式是你前一章中扮演警探时用到的推理,是歇洛克·福尔摩斯用来确定同事华生之前去处的推理,是科学家用来证成假说的推理,也是我们普通人每天用来解释周遭世界的推理。

第三章 思考与解释

THINKING AND EXPLANING

如果我们能依赖演绎论证来证成所有的信念，那生活该会容易多少。因为逻辑学家已经研究出了评判论证有效性的客观手段，所以只要有人在为一个结论辩护，我们就可以检验他的论证是否符合有效性的规则。有效推理的结论仍然有可能是假的，因为可能有假的前提。但如果我们只关注一组前提有没有**证成**一个结论，那么谁都比不过有效性。

可惜，我们过不上这样容易的生活。我们对世界的许多信念和知识并不取决于我们从前提中推导出的结论，而是依赖于我们根据现象观察得出的推断。迄今为止，尽管哲学家们千百年来不懈研究这种推断，但还是没有设计出一种万无一失的评判方法。对于根本不适用有效性和可靠性等概念的推理来说，并没有一种可类比于演绎学的判断手段。

你有多确定

　　非演绎推理就是一切不能用有效性来评价的推理。非演绎论证的前提就算为真，也不会确保结论为真。基于非演绎推理形成的信念永远有出错的风险。但这并不意味着非演绎推理不值得信任，或者基于非演绎推理的信念永远要有保留地接受。非演绎推理未必有演绎推理承诺的好处，但在正确运用的情况下，它提供的好处往往是足够好的。

　　事实上，尽管相对于演绎推理，非演绎推理有其劣势，但只有非演绎推理才让生活成为可能。我们随时随地都在进行非演绎推理，哪怕在许多场合下没有意识到自己在进行这种推理。今天早晨喝咖啡的时候，你可能相信它的口味和前一天差不多。当你按下汽车启动键的时候，你自然地假定引擎会发动。当你下班回家时，你是怀着自家住处依然站立在那里的信念。这些信念全都是证成的，但没有一个是绝对（演绎意义上）确定的。你买的咖啡可能烧煳了，你家车的电池可能没电了，你的住处也可能被烧毁了。这些事情发生的概率都非常低，但仍然有可能发生，所以你的信念不可能绝对确定。

　　前一章中对两类推理进行了对比。结论为动物园开门的推理是一类，应该会让一个人相信伴侣出轨的推理是另一类。我们现在知道，前一类推理是演绎推理，后一类是非演绎推理。妻子发现的线索——半夜发来的短信、藏在床垫底下的邮轮门票——证成了丈夫出轨的信念，但并不能得出绝对确定的结论。伴侣无辜的解释尽管可能性很小，但并非毫无可能。

我们前一章里还讲过缉凶警探的角色，这是非演绎推理的另一个例子。起初，相信一名嫌疑人是凶手的信念得到了证成。这个结论尽管得到充分证成，但也可能是假的。随着更多证据的出现，我们发现证据在朝着有利于另一个结论的方向前进，即是嫌疑人的仇人杀死了被害人。尽管如此，不管有多么强的证成，这个结论也可能出错。哪怕仇人招供了，相信他有罪也有可能是一个错误，不管可能性是多么渺茫。他也许被某个未知的第三方洗脑了。仇人以为是自己陷害了最初的嫌疑人，但其实他自己才是被陷害的人。

在这个例子中，洗脑的可能性极低，但仅仅是这种可能性就能引出两个与演绎推理、非演绎推理区别相关的重要观点。第一个观点是，可靠的演绎论证——不仅有效，而且只包含真前提——在字面意义上是绝对确定性的。如果通过一个可靠的演绎论证得出仇人是凶手的结论，那我们甚至都不应该能**想象**出前提为真但仇人不是凶手的情况。第二个观点是，我们清楚地看到了，为什么非演绎论证可能会得出错误结论本身并不值得过分忧虑。得到非演绎论证支持的结论为假的可能性有时——事实上是常常——非常低。因此，即便非演绎论证不同于可靠的演绎论证，会有犯错的可能性，但仍然是可以信赖的信念证成方式。

演绎论证和非演绎论证还有另一种区别。演绎推理基本都是同样的论证方式。先给出前提，然后得出结论，意图是完全符合某一种有效的论证形式。但是，非演绎论证通常不会模仿特定的形式。有些论证单纯是罗列过往事例，然后得出结论：在与过去相同的条件下，世界还会是老样子。例如，你得出了下次按下汽车启动键时，引擎会启动的结论，因为之前你每次按下启动键，引擎都启动了。或者你观察到你之前买的鸡蛋破损率大约是六十分之一，所以你得出结论，你下一次买的六十个鸡蛋里会有一个破掉。这种非演绎推理有时被称作"罗列归纳"（induction by enumeration）。

不过，我们现在来看警探对嫌疑人是凶手和嫌疑人的仇人是凶手这两个信念的证成。证成这个结论的推理类似于歇洛克·福尔摩斯证成华生医生去过阿富汗的推理。这种有时被称作"溯因"（abduction）或"最佳解释推论"（inference to the best explanation）的非演绎推理先要搜集一系列事实或者观察，然后提出一条能解释这些事实或观察的假设。例如，福尔摩斯做出了如下观察：

（1）华生似乎是一名医生。
（2）华生有军人的气概。
（3）华生脸色黝黑，但手腕颜色苍白，表明他在阳光下暴晒过，所以他之前生活在热带。

（4）华生面容憔悴，表明他历尽了艰难困苦。

（5）华生左臂活动起来有些僵硬不便，表明他受过伤。

积累了这些观察后，推理的下一步就是给出一个能把它们都串起来，都讲通的假设或解释。如果华生曾在阿富汗服役，那么福尔摩斯引起我们注意的观察就在意料之中了。华生去过阿富汗的结论得到了证成，因为所有观察得到了解释。另外请注意，在这个最佳解释推论的例子中，福尔摩斯依赖的一部分观察本身就是这种推理的结论。例如，第三个观察（华生之前生活在热带）是从脸色黝黑但手腕苍白的观察中得出的结论，第四条观察（华生历尽了艰难困苦）则是一条解释了憔悴面容的推论。

正如罗列归纳能够证成一个结论但不会得出绝对确定的结论——你的车在你下一次按启动键时未必会启动，你下一次买的六十个鸡蛋里可能会有两个或零个鸡蛋破掉——一样，最佳解释推论也有出错的可能。华生的憔悴面容可能是夫妻关系紧张而非战争创伤的结果。他的肤色符合去过阿富汗的人的形象，但其他日照强烈的地区同样会把他晒黑。

这两种非演绎推理都是多多益善的。运用罗列法证成信念时，你观察到的样本量越大，对样本外事物性质的确信程度就越高。如果你的鸡蛋破损率是基于你买过的三千个而非三百个鸡蛋的话，那么下一次买的六十个鸡蛋里会有一个破损的信念就得到了更强的证成。假定是仇人杀了受害人，或者华生曾在阿富汗生活能解释的观察越多，仇人确实杀了受害人以及华生确实曾在阿富汗生活的可能性就越高。

不管是归纳形式还是溯因形式，非演绎推理都比演绎推理常见得多。我们许多信念的证成依据要么是过往经验，这就要用到罗列归纳，要么是根据"最能讲通"的观察到的现象，这就要依赖最佳解释推论。然而，这两种推理各有必须要回避的陷阱。

小样本与假模式

罗列归纳的难点比较容易发现。本质上，罗列归纳就是凭借你对一个样本——也就是一组事物——的了解，意图证成你对样本外事物的信念的过程。你一生中喝过的咖啡杯数是一个样本，可以用来证成你关于下一杯咖啡口味的信念。类似地，你通过按键启动汽车的次数是一个样本，它证成了你关于下次按键会发生什么的信念。因为你一生中买过上千个鸡蛋，所以你相信六十个鸡蛋里有一个会破掉就是得到了证成的。但是，从一个样本里的事物推广到样本外的其他事物是有风险的。一个明显的顾虑是，样本是否足够大，能够证成关于样本外事物的信念。比如，相比于你喝过十杯或一百杯咖啡的情况，你这一辈子只喝过一杯咖啡，它喝起来很苦，于是你相信下一杯咖啡也会是苦的，你的信念证成程度就要弱得多。当你依据的样本量太小时，样本可能就无法代表一个更大的群体。小样本容易表现出大样本里不会出现的极端值，引诱人发现其实并不存在的模式。为了看清这种诱惑何以会导致坏思考，考察一个现实生活中的例子是值得的。在这个例子中，一个基于小样本的信念让一大批公益基金会错投了上亿美元。

假设你在考虑送孩子上邻市的一所规模较小的高中好，还是上本地的一所规模较大的高中好。你主要考虑的是学习成绩。你想让孩子上最有可能取得好成绩的学校。如果这意味着要搬去邻市，好让孩子上一所规模比较小的高中，你是愿意搬家的。为了证成规模小的高中成绩好，还是规模大的高中成绩好的信念，你找到了一些研究，发现学校规模小与学习成绩好之间存在相关关系。越继续了解这个问题的过程中，你发现一些社会精英和你一样越发确信规模小的高中的优越性。比尔及梅琳达·盖茨基金会已经为改善教育投入了近20亿美元，其中有不少用于将大规模学校改造为小规模学校。安纳伯格基金会和卡耐基基金会等著名公益机构也加入了学校小型化运动。

这些组织的行动是由数据证成的。数据表明，小规模学校中优等生的比例比较高。这就是说，当你考察优等生比例最高的学校时——衡量标准是在标准化考试中得到最高分的学生数量，你会发现其中小型学校的数目很多，远远多于你在学校规模不影响成绩的情况下会做出的预期。这看上去是一个把房子卖掉，搬到邻市，让女儿能上小规模高中的好理由。小型学校肯定与大型学校有什么不一样的地方。不管是哪里不一样，总之，小型学校是行之有效的。小型学校培养出了更好的学生。

这个例子不是编出来的。盖茨基金会真的为学校小型化投入了近20亿美元。安纳伯格基金会与卡耐基基金会等公益机构也参与了进来。意图虽然良好，但终究是一场空。之前用于证成小型学校优于大型学校的归纳推理的基础是一个错误。[1] 小型学校运动的支持者在做归纳推理时没有考虑样本量的重要性。

为了理解这个错误，请想象有一个朋友要你猜他抛出的硬币是正面还是反面。他抛了三次，每次都是正面。连续三次正面是一个令人惊讶的结果，但还远远比不上连续十次正面或连续一百次正面。假设硬币是正常的，那么你在只抛三次的小样本中连续抛出正面的可能性要高于抛十次或一百次的样本。如果根据这么小的样本就推断硬币不正常，那就是坏思考。

考察小型学校的学生成绩也是同理。小型学校就像次数少的抛硬币序列一样。正如连续抛出三次正面应该不会让我们感到特别惊讶一样，在某一所小型学校中发现特别高的优等生比例也不应该让我们特别震惊。比如，一所小型学校中有20%优等生的概率要远远高于一所大型学校中有5%优等生的概率。小型学校的优等生比例之所以高于大型学校，原因与连续抛出三次正面的概率高于连续抛出二十次正面的概率是一样的。超常学生比例在小型学校中的变动程度高于在大型学校中的,这也意味着另一些小型学校**差等生**比例高于大型学校差等生比例的可能性也比较高,正如假定硬币正常的情况下,连续抛出三次**反面**的概率高于连续抛出二十次反面的概率一样,这正是研究了这一议题的统计学家注意到的情况。小型学校不仅优等生比例偏高,差等生比例也偏高。最后,综合多种因素来看,如果你的目标是让孩子取得好成绩,那么上大型学校的希望要大于上小型学校。[2] 就连盖茨基金会似乎也已经意识到学校小型化运动没能提高学生的整体成绩,因此将资源投入到其他方向。

这个案例还有第二个教训。[3] 不仅小样本会引诱人看见其实并不存在的模式——学校规模小与学习成绩并无实际关联——而且人们会情不自禁地为这些虚假模式给出因果解释。得知小型学校尖子生比例高的消息后,人们就匆忙得出结论说,肯定是小型学校的某种特质可以解释尖子生比例高的问题。也许是这些学校为学生提供了更多个体化的关注,或者营造出了更和谐的社交环境,又或者接受并支持学生们的个性。但这些都是虚构的说辞,是为了解释一种其实并无因果解释的模式而编造出来的。一些小型学校优等生比例较高的真实原因不过是小样本更容易出现异常值,就像连续抛出三次正面一样。出于同样的原因,一些小型学校的差等生比例也比较高。

在其他情境中显然也有类似于这种误导人们推崇小型学校的坏思考。假设你读了一篇文章,文章讲到有一些小镇的自闭症发病率高于全国平均水平。你可能会以为，这些小镇发病率高必然有原因。正如一所小型学校优等生比例特别高的现象使得人们做出解释，小镇自闭症儿童比例特别高也会是一样。你开始为这种现象寻求解释，也许是疫苗导致了自闭症比例高。但这是坏思考，一些小镇自闭症儿童比例之所以高于平均水平，只是因为镇子小。另一些小镇的自闭症儿童比例还会**低于**平均水平。

举一个类似的例子。美国一些人口稀少的乡村县份肾癌发病率特别低。[4] 于是，因果解释显得相当诱人，也许乡村的河流湖泊污染较少，空气也更纯净。但是，也有一些人口稀少的乡村县份肾癌发病率特别**高**。也许是因为农村人抽烟多，饮食不健康。这些因果解释都是坏思考的例子。事实上，乡村社区中所观察到的高癌症发病率和低癌症发病率都不过是小样本所引起的结果。但是，小样本会滋生纯粹出于偶然的极端情况，所以寻找因果关系常常会徒劳无功。

此外，我们已经看到，当这些错误解释进而指导行为与政策决定时，它们就能引发重大的危害。它们会妨碍明智的资源分配，比如公益基金会将大量资金投入到开设小型学校上。它们会鼓动人们做出错误的归因，避开事实上有益的做法，比如接种疫苗。它们还可能会说服你为了追寻一项毫无依据的福祉，而让自己的生活天翻地覆，比如你相信乡村生活会减少癌症风险，于是选择搬去乡下。这些例子表明，基于从小样本外推得出结论的坏思考很容易引发负面后果。但是，要"破解"也容易。你只需要尽可能确保自己的归纳推理所基于的样本足够大即可。

肯定偏误

目前，我们一直在考察罗列归纳推理，也明白了在以此为基础证成信念时，用心考虑到样本要足够大是很重要的。另一种非演绎推理——溯因推理，或者叫最佳解释推论——则面临着其他类型的危险。溯因推理，就是说明一个信念最能够解释某组观察，据此证成这一信念。华生肯定去过阿富汗，因为这最能够解释他为什么面容憔悴、肤色黝黑，还有一只胳膊受了伤。但是，你要怎么判断某组观察的最佳解释是什么呢？你从一开始应该考虑哪些需要解释的观察？尽管这些问题不可能有精确的答案，但哲学家、心理学家和统计学家已经有了一些有助于避免滥用归因的想法或发现。

首先是与观察相关的问题。当你以某个信念最能够解释一系列观察为依据来证成该信念时，有没有某一类或某一种观察值得特别关注？现代早期的英国哲学家，科学方法发展过程中的重要人物弗朗西斯·培根（1561—1626）以告诫的形式给出了一条线索。培根写道：

第三章　思考与解释

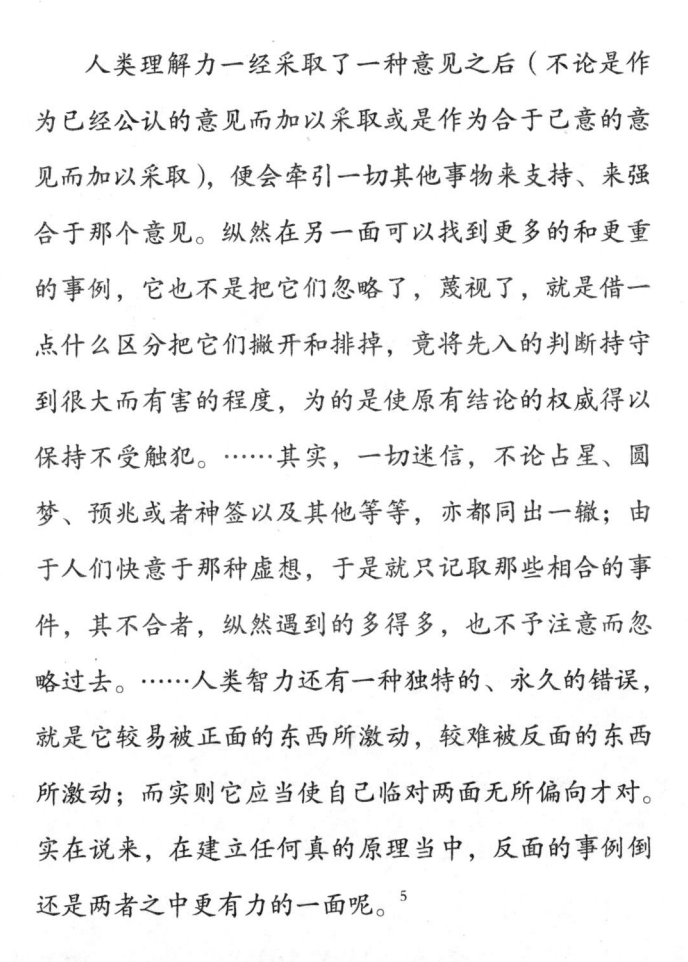

人类理解力一经采取了一种意见之后（不论是作为已经公认的意见而加以采取或是作为合于己意的意见而加以采取），便会牵引一切其他事物来支持、来强合于那个意见。纵然在另一面可以找到更多的和更重的事例，它也不是把它们忽略了，蔑视了，就是借一点什么区分把它们撇开和排掉，竟将先入的判断持守到很大而有害的程度，为的是使原有结论的权威得以保持不受触犯。……其实，一切迷信，不论占星、圆梦、预兆或者神签以及其他等等，亦都同出一辙；由于人们快意于那种虚想，于是就只记取那些相合的事件，其不合者，纵然遇到的多得多，也不予注意而忽略过去。……人类智力还有一种独特的、永久的错误，就是它较易被正面的东西所激动，较难被反面的东西所激动；而实则它应当使自己临对两面无所偏向才对。实在说来，在建立任何真的原理当中，反面的事例倒还是两者之中更有力的一面呢。[5]

培根在抨击人的一种倾向，就是更重视符合自己所喜欢信念的观察，而轻视自己可能会质疑的那个信念的观察。这种倾向——偏爱肯定性的证据多于否定性的证据——已经成了一大批心理学文献的研究主题。培根批评的这种坏思考现在叫作"肯定偏误"。

为了说明肯定偏误的本质，理解它所产生的坏思考类型，考察心理学家 P. C. 沃森（P. C. Wason）的一组实验会有所帮助。第一个实验要求你发现一个由三个数字组成的序列是按照什么规则生成的，例如你看到的数列可能是 2、4、6。[6] 接着，你可以自己给出数列，借此证成你关于规则内容的信念。每当你提出一个数列，实验人员都会告诉你它是否符合规则。你发现原始数列是三个偶数，后一个数都比前一个数大 2，你可能觉得这就是正确的规则描述。接着，为了验证自己的想法，你提出了 8、10、12 和 22、24、26 两个数列，实验人员说都符合规则。于是，你自信地宣布，规则是三个数必须都是偶数，而且后一个数比前一个数大 2。

或者，你可能怀疑规则是只要后一个数比前一个数大 2 就行，而不要求是偶数。为了检验这是否就是规则，你提出了 5、7、9 和 8、10、12 这样的数列。实验人员告诉你，你提出的数列确实符合规则，于是你再次自信地宣布，规则正如你怀疑的那样：数列里的后一个数比前一个数大 2。

我们再来看一个例子。尽管它表面上与第一个实验差别很大，但在更深的层次上是相似的。[7] 在这次实验中，你的任务不是根据你提出的样本发现规则，而是要检验一条给定的规则是真是假。你要评估的规则涉及四张牌，每张牌有一面是一个字母，另一面是一个数字。你要评估的规则是：**如果一张卡的一面是元音字母，那么另一面的数字就是偶数。**你看到了下面几张卡：

| A | 7 | R | 4 |

问题看似简单：为了知道规则是真是假，也就是如果一张卡的一面是元音字母，那么另一面的数字就是偶数这句话是否正确？你必须翻开哪几张卡？然而，尽管这个问题看似简单，但几乎所有实验的被试给出的答案都是错的。

看到这些实验与溯因推理的相关性是重要的。正如福尔摩斯提出了一个关于华生从何处来的假设，这个假设的证成依据是它对一组观察的解释效力一样，上述实验的被试也要根据对一组观察的解释效力来评估假设。在第一个实验中，被试要努力猜出最能够"解释"自己所看到数列的规则。例如"公差为2的偶数数列"能解释2、4、6和8、10、12及22、24、26这几个数列，而"公差为4的奇数数列"就不能解释。因此，在最佳解释推论的引导下，你认为前一条规则好于后一条规则。同理，在第二个实验中，你先得到了一条规则，你的任务是搞清楚为了说明它而不是其他某条规则是真的，你必须做出哪些观察。实际上，你接到的问题是：如果这条规则是真的，那么你应当预期在牌的背面看到什么？[8]

如果你和第二次实验的大多数被试一样，那么你会选择翻开正面是 A 的牌，可能还会翻开 4。翻开 A 是合理的：如果你发现背面是奇数，那你就知道正面元音字母、背面偶数的规则是假的了。你也不应该翻开 R，因为规则没有说一面是辅音字母的牌另一面应该是什么数（奇数或偶数）。但是，翻开 4 是错误的。为了看清原因，请假设 4 的另一面是辅音字母。规则并未说明一面是辅音字母的牌另一面不能是偶数，所以你还是不知道规则的真假。但是，如果另一面是元音字母的话，你还是不知道规则的真假，因为就你现在所知，有些一面是偶数的牌另一面是元音字母，有些不是元音字母。在 4 的背面发现元音字母确实是**肯定**了规则——也就是说，支持信念为真。但问题在于，这个发现仍然没有排除有的牌一面是元音字母，而另一面是**奇数**的可能性。你已经知道一些牌满足规则，但你还不知道是不是**所有**牌都满足。与直觉相反的是，为了确定规则是否为真，你必须要找表明规则为**假**的证据。也就是说，你必须努力**否定**它。为此，你应该翻开正面是 7 的牌。如果另一面是元音字母，你就知道规则是假的了。7能够判断规则真假，4 则不能。

这些心理学实验的结果表明，被试有肯定偏误。他们没有去寻找能真正检验一个假设——在这里就是一条规则——的证据，而只是寻找能肯定它的证据。为了正确地检验一个假设，你必须考虑什么种类的证据能表明它是假的。[9] 比如，如果你想知道在聚会上喝啤酒的人是不是都年满 21 岁了，你就应该查看

不满 21 岁的人的身份证。你用不着去查年龄明显超过 21 岁的人，尽管这样做有助于肯定年满 21 岁才能饮酒的规则。同样的推理也适用于纸牌实验。要想知道规则是不是真的，你必须寻找违反规则的牌，这意味着你要查看有一面是奇数的牌，然后看它的另一面是不是元音字母。

第一个数列实验也得出了同样的看法。如果你一开始的信念是，数列规则是"公差为 2 的偶数"，那么当你提出 8、10、12 和 22、24、26 这两个数列，实验人员肯定它们满足规则时，你就获得了更多表明你的假设正确的证据，但你其实并没有检验你的假设。你可以举一整天公差为 2 的偶数数列，但还是不知道自己是否说中了目标规则。如果你举出了 8、10、11 或者 13、17、22，实验人员也告诉你这些数列符合规则，那么你就知道了一些东西。现在，你知道你的假设是假的。事实上，被试要发现的规则只是数字必须是升序。除非提出不是升序的数列——也就是说，除非他们寻找违反规则的数列——否则就不可能知道真正的规则。

在一定程度上，沃森实验受到了哲学家卡尔·波普尔爵士（Sir Karl Popper，1902—1994）著作的影响。波普尔感兴趣的是如何区分科学理论与"伪科学"理论，比如占星术或命理学。[10] 他在真正的科学理论（比如爱因斯坦的广义相对论）中看到了承担风险的意愿。波普尔的意思是，科学理论做出了关于世界的预测，这些预测可能为真，也可能为**假**。如果预测为假，那么失败的预测就算是对生成预测的理论的一次沉重打击。波普尔主张，验证一个理论需要想方设法证明它是假的。

相比之下，占星术等伪科学的预测是如此含混，以至于总能解释成真的。如果一名占星术士预测你今天会在工作中取得巨大成功，但你却失去了一个客户，或者遭到顾客怒气冲冲的投诉，回家时充满挫败感，占星术士仍然可能会坚持说自己的预测是正确的。他告诉你，你现在有了寻找更优质客户的自由，或者顾客肯定特别关心你的服务。万金油说辞可不是科学。例如，爱因斯坦的理论预测，恒星发出的光应该会在大质量天体周围发生某个确切程度的弯曲，这是一个"把脑袋探出战壕"的预测，占星术士的预测则不是。与占星术士的预测不同，爱因斯坦的预测可能是错的，而且如果错了，就会对广义相对论造成沉重打击。

波普尔认为，检验一个信念的真实性需要想方设法表明它是假的。这与培根的那段话如出一辙。培根用平实的语言描述了沃森实验所表明的诱惑：人倾向于寻找支持自身信念的证据，忽视反对自身信念的证据。现在我们能更清楚地看到培根这段话里的智慧："人类智力还有一种独特的、永久的错误，就是它较易被正面的东西所激动，较难被反面的东西所激动；而实则它应当使自己临对两面无所偏向才对。实在说来，在建立任何真的原理当中，反面的事例倒还是两者之中更有力的一面呢。"

假如阴谋论者接受了培根对"反面的事例"的强调，他们或许就会看到自己的结论是何以建立在坏思考之上的。肯定偏误在桑迪·胡克小学枪击案是为了收紧枪支管控的作秀一类阴谋论中发挥了很大作用。反疫苗运动背后也是肯定偏误。甚至不久前的一种状况中也有它的作用，那就是许多人将新冠疫情暴发与5G网络日益增多联系了起来。阴谋论的典型路径是先抛出一个虚假主张。在反疫苗运动中，著名医学期刊《柳叶刀》于1998年发表了安德鲁·韦克菲尔德（Andrew Wakefield）医生的一篇论文。基于一个小样本（我们已经知道了为什么基于小样本的结论不值得信赖），韦克菲尔德声称，麻疹、腮腺炎和风疹疫苗会导致儿童发育障碍。《柳叶刀》已经撤回了该文章，韦克菲尔德的医学执照也被吊销了，因为事后发现，他采用的数据纯系捏造，是为了宣传一家他创办的公司销售的替代疫苗产品。但《柳叶刀》2010年撤稿时已经太晚了。

培根再次一语成谶。他说："其实，一切迷信，不论占星、圆梦、预兆或者神签以及其他等等，亦都同出一辙；由于人们快意于那种虚想，于是就只记取那些相合的事件，其不合者，纵然遇到的多得多，也不予注意而忽略过去。"这仿佛正是在描述反疫苗运动的成员们。阴谋论者之所以听信韦克菲尔德的欺诈研究，或许是因为它肯定了他们原有的对政府资助医疗措施的不信任。[11]他们没有去寻找反对疫苗害处的证据，而是只找肯定的证据。因此，当珍妮·麦卡锡（Jenny McCarthy）等影星和小罗伯特·F. 肯尼迪（Robert F. Kennedy Jr.）等名人反对疫苗时，这在反疫苗人士看来比无数表明疫苗无害的医学论文更有说服力。[12]然后，当一场俄罗斯的谣言运动向互联网投送了大量关于疫苗危害性的虚假报道时，反疫苗人士再次听到了自己想听的内容。如果反疫苗人士认真对待波普尔对理论检验的看法，那可能就会去考察对疫苗有害的信念提出疑问的证据。他们可能会想，接种过疫苗的儿童的自闭症发病率是否果真高于未接种儿童。研究表明并不真的高于，这一事实正是反疫苗人士因为肯定偏误而没有认真对待的那种"反面的事例"。

新冠疫情与5G网络有关的阴谋论也是完全一样的轨迹。[13]这一次是一名比利时医生毫无证据地宣称，疫情在中国武汉的暴发与近期建设的5G基站有关。尽管发表该医生言论的报纸确定其为无稽之谈几个小时就撤稿了，但与韦克菲尔德疫苗研究的情况一样为时已晚。阴谋论者再次看到了一条猛料，肯定了他们对政府、大公司或新技术的不信任。伍迪·哈里森（Woody Harrelson）和约翰·库萨克（John Cusack）等影星将消息发给了粉丝们。粉丝与影星本人一样只重视那些肯定了自身总体态度的证据，而无视了可能表明5G网络无害的证据。俄罗斯人又一次在网上散布谣言，用能够肯定阴谋论者关于新冠疫情与5G网络有关的信念的文字盖住了阴谋论者的头像。如果政府坚持说5G网络安全呢？这也会肯定5G网络不安全的信念，因为对阴谋论者来说，居心叵测的政府肯定会这么说。反面的事例——新冠疫情也肆虐于远离5G基站的社区，或者附近有5G

基站的社区没有表现出病毒感染的迹象，或者了解情况的权威保证说5G信号与新冠疫情无关——都遭到无视、贬低或扭曲，其手段就连最有创造力的占星术士都会啧啧称奇。

研究表明，肯定偏误似乎是人类心理的一个突出而持久的特征。[14] 相对于可能会否定自身信念的证据，人们强烈倾向于肯定的证据。但是，即便这种倾向在某种意义上是"焊死"在了我们的心中，但它带来的坏思考绝非不可避免。自然选择还赋予了一些我们能够抵御的倾向，比如蛀牙。对许多人来说，不吃第二块蛋糕是一个要用到意志力的决定。"说不"可能有难度，但远非不可能。意志力在对抗肯定偏误中也能同样有效。你只需要记住培根的告诫，即要对正面和负面证据"无所偏见"。不仅要一直问"还有什么能支持我的信念？"，还要问"有什么证据与我的信念相悖？"。要证成你的信念，你当然需要有正面证据，但也需要没有负面证据。

基率谬误

目前，我们只考察了溯因推理的一个要素。当福尔摩斯证成华生去过阿富汗的信念时，他的思考涉及了两个要素：对华生外貌的观察和根据观察提出的假设。肯定偏误关注的是第一个要素。肯定偏误之所以会造成坏思考，是因为它阻止人们严肃考虑对其结论提出疑问的观察。但是，我们不仅要用心关注那些与最佳解释推论有关的观察，也要关注这些观察所支持假设的特征。假设，也就是最佳解释推论里的"解释"，并非生而平等。就避免坏思考而言，理解为什么有些假设比其他假设需要更多支持是一大关键。

假设你在酒吧里和一个陌生人聊天。过了一会儿，你观察到了如下现象：他在政治光谱上偏向保守，对权威有合理的尊重，有枪，经常健身，而且离婚了。你戴上福尔摩斯帽，进行了溯因推理，你觉得有两个解释是比较好的推论：（1）他是一名警官；（2）他是一名教师。如果你认为最佳解释推论偏向于（1），那这就是坏思考。

在说明最佳解释推论为什么证成了第二个假设即他是一名教师时，考察概率推理研究领域中的一个经典案例是有益的。这个例子看起来似乎与酒吧陌生人问题无关，其实是有关的。实验人员向被试提出了下述问题：

一辆出租车夜间肇事逃逸。本市有两家出租车公司，分别叫绿车公司和蓝车公司。市内85%的出租车属于绿车公司，15%属于蓝车公司。

一位目击者说肇事车辆是蓝色的。法院重现了肇事当晚相同的条件，以此检验目击者值得信赖的程度。结论是，目击者在80%的情况下能正确辨认车的颜色，

20%的情况下不能。

你现在知道要是目击者说肇事出租车是蓝色的，那么该车是蓝色而非绿色的概率有多大？[15]

如前所述，大多数人都很难解答这个问题。事实上，研究者不仅提出容易受肯定偏误影响不仅是一种演化形成的特质，还推测说演化因素让我们难以思考概率问题。[16]看到这个问题时，许多人判断肇事出租车是蓝色的概率是80%，显然忽视了蓝色出租车在市内的占比，而关注目击者的可信赖程度。这些人犯的错误是不注意蓝色出租车在市内的比例，或者叫基率。他们犯了"基率谬误"。

换一种方式来思考这个问题，正确答案就更容易理解了。我们不用百分比的形式来表示数字，而是想象一座城市有100辆出租车，其中85辆是绿色的，15辆是蓝色的。如果你对事故目击者的可信赖程度一无所知，只知道发生了车祸，那么你会正确地认为肇事出租车是绿车的可能性远远高于蓝车。既然城里有85辆绿色出租车在飞驰，蓝色出租车则只有15辆，所以撞到行人的出租车是绿色的可能性远远高于蓝色。事实上，在其他条件相同的情况下，任意一场事故的肇事车辆是绿色出租车的概率都是85%，因为这就是城市中绿色出租车的比例。如果这样说还有些含混的话，我们就把数字再换一下。假设一座城市有100辆出租车，其中99辆是绿车，只有1辆是蓝车。现在，你知道发生了一场出租车肇事逃逸事故，你应该非常确信是绿车肇事。绿车的基率——市内出租车中绿车的比例——比蓝车的基率高得太多了，以至于几乎可以肯定是一辆绿色出租车撞了人。

下一条信息涉及目击者的可信赖程度。为方便理解，我们依然可以不用百分比来描述目击者的可信赖程度。目击者可信赖程度是80%的意思是，如果他看到了100辆绿色出租车，他会正确地识别出其中的80辆，而将20辆误认为是蓝车。类似地，如果他看到了100辆蓝色出租车，他会正确地识别出其中的80辆，而将20辆误认为是绿车。现在回到例子中。如果他看到了85辆绿色出租车，那么他能正确识别出其中的68辆（85×0.8=68），于是误认为蓝色的车有17辆。此外，如果他看到了15辆蓝色出租车，那么他会正确识别出其中的12辆（15×0.8=12），并将其中的3辆误认为绿车。现在，你把例子中的目击者**说成**是蓝色的出租车加起来，你会发现其中有12辆识别正确，但有17辆是绿车被误认成了蓝车。于是，在本市的100辆出租车里面，目击者会说有29辆是蓝车。但因为其中只有12辆是真正的蓝车，所以目击者的识别正确率只有12/29。这意味着，目击者说对的概率只有41%。

我们得出的教训是，人们常常会忽视基率，甚至在基率会严重影响应然信念的情况下。你应该相信那个说是蓝色出租车肇事逃逸的目击者吗？如果你只知道目击者在80%的情况下值得信赖，那么你还是缺乏必要的信息来判断是否应该相信他。除非加上本市蓝绿车的比率，否则目击者可信赖程度就是一条没有价值的信息。这一点可以令人惊讶地推及到其他案例中。例如，如果一种疾病在人口中的基率——也就是考虑该病的实际患者人数——极少的话，那么一种该病检测方法可信赖程度达 99% 的说法仍然可能有极大的误导性。如果这种病的发病率只有十万分之一，那么一种能正确识别出 99% 的患者，但会将 1% 的健康人误诊为患者的检测方法的正确率只有大约千分之一。这是因为 10 万人里有 99999 人没有患病，而这些人中会有 1% 被误诊为患者，那就是将近 1000 人。因此，这种检测方法每正确识别出 1 名患者，就会将大约 1000 个健康人误诊为患者。

当你推断在酒吧里跟自己聊天的人是一名警官时，你的思维就被刻板印象牵着鼻子走了。你做出的观察似乎更符合一名警官而非一名教师的形象，所以你的推断只是表面上看合情合理。心理学家会说你使用了"启发法"推理。你依赖"快速但粗糙"的经验法则来证成结论。酒吧里的人表现出了许多警官的代表性特征，于是你直接得出了此人是警官的结论。而如果他表现出对文学或历史感兴趣、戴眼镜，还（正当地！）抱怨说工作太累，收入不高，那么你可能会推断说他是一名教师。

但是，这种溯因推断并非不受基率的影响。[17] 即便此人看上去更具有警官而非教师的代表性特征，但除非你知道警官和教师在人口中的基率，否则根据此人外貌下结论时就应该非常谨慎。思考这个问题的一种方法是，将关于基率的事实视为最佳解释推论必须包含的现象观察。你已经观察到此人政治倾向保守，有枪，等等。但是，你的观察中还应该包括一个事实：美国的教师人数约为 320 万，而警官人数约为 70 万。除非你考虑到教师人数与警官人数之比约为 4.6∶1，否则就不能得出关于此人职业的证成结论。鉴于这一比率，最佳解释推论现在倾向于相信此人是一名教师。

出租车的例子给出了另一条教训。我们已经看到，目击者的可信赖程度只是你判断对其证词置信程度时必须考虑的因素之一。鉴于只有 15% 的出租车是蓝色，如果一名能在 80% 的情况下正确识别出租车颜色的目击者宣称看到了一辆蓝色出租车，那么我们只应该在 41% 的情况下信任他。我们可以换一种方式来表述这个思想，这样就能更清楚地看到它与福尔摩斯关于华生近期去处的最佳解释推论之间有什么关系。请将目击者报告理解为一条支持关于出租车颜色的假设（结论）的证据。当目击者说出租车是蓝色的时候，这个观察为蓝车信念提供了支持。但鉴于市内蓝色出租车比例较小，目击者的报告又不完全值得信赖，所以出租车是蓝色的假设只有 41% 的可能性为真。蓝色出租车只占 15% 的事实就像一个船锚，拉低了目击证词的价值。假设为真的可能性越低，证词的价值也就越低。而假设为真的可能性越高，它对证词价值的损害也就越小。比如，如果目击者说出租车不是绿色的，而是蓝色的，那么证词的力度就会大增。目击者的可信赖程度还是 80%，但绿车假设的初始可能性要高得多，因为市内有 85% 的出租车都是绿车。我们前面表明，自称看到蓝车的目击者的识别正确率只有 41%；利用同样的推理方法，我们可以计算出自称看到绿车的目击者的识别正确率是 96%。

因此，证据为结论提供的证成甚至受制于结论在寻求论据之前的成立可能性。如果一个假设的初始成立可能性很低，那么有利于它的证据的价值也会降低。因此，尽管酒吧里的人看起来更像警官而非教师，但推断此人是教师才是更安全的做法。给定任何一个人是警官的概率要远低于教师，这一事实拉低了你对此人形象观察的证据价值。

幸运的是，鉴于假设的合理程度与支持它的观察的证据价值之间有这样的关系，我们在面对低概率假设时就有了一种策略。如前所见，一名可信赖程度为 80% 的目击者报告大概率事件（肇事出租车是绿色的）的正确率远高于报告小概率事件（肇事出租车是蓝色的）。但是，如果我们想要确保肇事车辆确实是蓝色出租车，那就要寻找更多、更好的目击者。假设法院询问了一名识别车色准确率为 95% 而非 80% 的目击者。蓝色出租车比例仅为 15% 的事实仍然会拉低这份证词的价值，但由于证词的初始可信赖程度更高，所以拉低以后也低不到哪里去。可信赖程度 95% 的目击者报告蓝色出租车肇事的正确率约为 75%。你也可以用类似的方法来补偿遇到警察的概率低于遇到教师的情况。在这个例子中，做出更精确的观察就相当于找到更好的目击者。例如，如果你注意到此人的翻领上有警徽，或者他坐着的椅子后面挂着警帽，那么你对此人是警察的置信程度就应该会升高。

上述讨论与福尔摩斯对华生的推断有何关系？正如你推断酒吧里的人是警官一样，福尔摩斯似乎也依赖刻板印象或关于代表性特征的假设。福尔摩斯对华生外貌的观察是否真的有力支持了他关于华生从何处而来的信念，这取决于多个因素，例如，医生在英国人口中的比例，还有曾在阿富汗服役的英国人比例。如果曾在阿富汗服役的英国医生很少的话，那么福尔摩斯的观察的证据价值就会急剧下降。要是福尔摩斯的观察中包含了关于基率的事实，那么他表达结论时可能就不会自信满满了。

回到我们的主题：阴谋论者常常对基率谬误的教训视而不见，正如他们无视肯定偏误研究得出的教训一样。最直言不讳地宣扬桑迪·胡克小学枪击案乃系伪造的人正是一位著作等身的专业哲学家。然而，尽管他具有学术资质，简历上还有多篇重要的科学哲学论文，但他似乎没有认识到，他青睐的枪击案伪造假设的概率极低，因此他的证据几乎一文不值。他自以为能说服访谈者相信无以言喻的桑迪·胡克小学惨剧是一场骗局，于是问道："六个博士考察了关于桑迪·胡克案的证据，全都得出这是一场骗局这件事的概率有多大？"访谈者的回答一针见血:"我问他,各级政府和执法部门,还有媒体全都听信了骗局,上百个认识 26 名受害者的人和所有幸存者这么多年来都在说谎这件事的概率有多大?"[18]

同样的回答也能反驳那些声称新冠疫情完全是一场由政府推动的骗局的人。哲学家夸梅·安东尼·阿皮亚(Kwame Anthony Appiah)每周在《纽约时报》发表伦理学专栏文章。他在一篇中向一个人强调了疫情骗局论的荒谬,这个人的一个朋友主张新冠疫情阴谋论:

> 你的朋友相信的阴谋论复杂到令人震惊。它涉及特朗普以及每一个可定居大洲上的几十名政治领袖之间的一场秘密交易,而这些人从未统筹规划气候变化等许多其他重大议题。它涉及驻日内瓦世界卫生组织、亚特兰大美国疾病预防与控制中心乃至世界各地医院的医生勾结约翰·霍普金斯大学的数据科学家,共同炮制了一连串匪夷所思的假消息。或者,如果你的朋友认为这些政治家、科学家与医务工作者口中的所有话都是编造的,那就需要有人能够掌控媒体和互联网,这就更不可思议了。这可能会服务于什么目的呢?你或许还可以提出,我们全都生活在《黑客帝国》的矩阵世界里,尽管如果是这样的话,那就不只有疫情是想象出来的了。[19]

在讨论基率谬误时，我们看到由于蓝色出租车肇事的初始概率较低，所以面对任何一位宣称是蓝色出租车撞到了行人的不完全可信赖目击者，你都应该有所怀疑。另一种解释，即绿色出租车肇事的可能性要高得多。如果同一位目击者做证说看到了一辆绿色而非蓝色出租车，那么我们对证词的置信程度应该就会高得多。但是，桑迪·胡克小学枪击事件并未真实发生的"理论"，以及新冠疫情是骗局的主张成立的可能性低到**难以置信**，记者和阿皮亚前面已经说明了原因。我们几乎可以肯定其他某种理论为真，正如我们几乎可以肯定撞到行人的不是蓝色出租车，而是绿色出租车。桑迪·胡克小学枪击案更有可能的解释是，亚当·兰扎确实杀害了师生，而新闻之所以报道有成千上万人死于新冠疫情，更有可能的解释是**确实**有成千上万人死于新冠疫情。任何想要证成桑迪·胡克小学和新冠疫情阴谋论的人都面临着一项近乎不可逾越的任务。为了克服自己的理论可能性极低的现实，他们必须拿出一大堆证据，这些证据远远超出了可能性更高的理论——兰扎是凶手，新冠疫情是真事——所需证据的程度。

这样来理解的话，从讨论基率谬误中得出的教训只不过反映了常识而已。如果你一年级的孩子有一天放学回家时说学校开展了消防演习，我们不会提出疑问，尽管一年级学生未必是最值得信赖的目击者。而如果孩子说学校遭到了外星人入侵，那我们就会心生怀疑。孩子在两件事上的可信赖程度也许是相同的。那么，我们为什么要在相信第二种说法之前要求更多证据呢？原因不过是外星人入侵的可能性远远低于消防演习。如果你认为证成对任何一种理论——也就是对资料的解释——的信念都需要一样多的证据的话，那就是坏思考了。阴谋论的初始可信度是如此之低，以至于与可能性更高的其他理论相比，阴谋论必须要有强得多的证据支持。

迈向更好的推理

哲学家将所有推理分成了两类：演绎和非演绎。当你要用演绎推理证成一个信念时，你必须小心地构造一个有效的论证。如果你确定论证具备有效的形式，也能确保论证前提为真，那么你就能够肯定自己的结论为真。可靠的演绎论证能提供最高的证成标准，但证成更多是依赖非演绎推理。非演绎推理不像可靠的演绎推理那样能保证绝对的确定性，但仍然是一种有力的证成来源。

非演绎推理的种类有很多，但我们已经考察了其中最常用的两种。罗列归纳推理是根据对样本的观察来得出结论。当结论基于的样本太小时，这种推理会面临一定的风险。小样本中出现的模式可能是偶然结果，就像连续三次抛出硬币正面一样。为小样本中发现的模式给出因果解释是一种坏思考。模式很可能并不真实存在，所以你给出的解释很可能也是假的。

另一种非演绎推理是从观察出发，推断出对观察的解释。最佳解释推论（又称溯因）有多种被滥用的方式，会产生不同种类的坏思考。当你试图提出一个结论是对一组观察的最佳解释，以此为该结论辩护时，一定不要"挑樱桃"，也就是只考虑肯定了你偏好结论的观察。为了避免肯定偏误，你需要考虑**否定**你的结论的证据。在进行**最佳**解释推论时，了解自己的解释到底是不是最佳解释的唯一办法常常就是用反面证据来检验你的信念。

正确运用溯因推理还需考虑你想要捍卫的信念成立的概率，或者说合理性。如果你的信念从一开始就不太可能成立，那么证成它所需要的证据数量或质量就会增大。与平凡的信念相比，证成牵强信念所需要的证据要多得多。如果你在决定要相信什么时拒绝考虑基率，这就是一种坏思考。

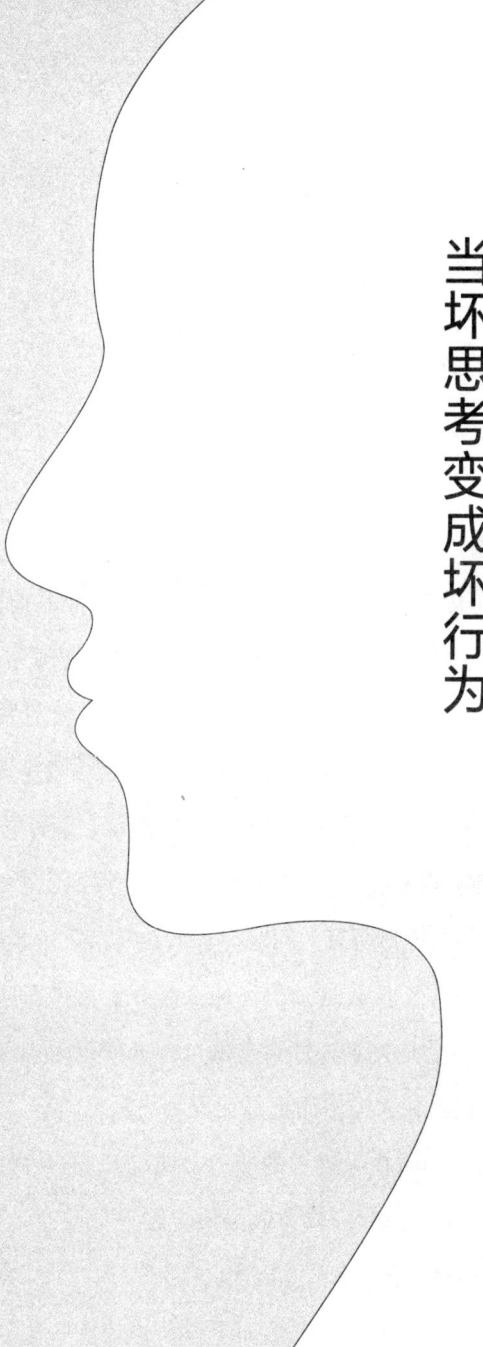

第四章 当坏思考变成坏行为
WHEN BAD THINKING BECOMES BAD BEHAVIOR

在一则因哲学家和思想史学家以赛亚·伯林（Isaiah Berlin）而为大众所知的寓言中，古希腊诗人阿尔基罗库斯（Archilochus）说道："狐狸知道许多事情，但刺猬只知道一件大事。"[1] 在 19 世纪哲学职业化之前，哲学家一般是狐狸。柏拉图、亚里士多德、阿奎那、笛卡尔、斯宾诺莎、莱布尼茨、休谟、康德等思想家们不会专攻某一个领域——形而上学、认识论、伦理学——而会思考所有大问题。

什么是现实？什么是知识？什么是好生活？在这些经典哲学问题中有一个是关于人性自身的，即人何以为人。不知道袋鼠的柏拉图提出，人类本质上是无羽毛的两足动物。[2] 亚里士多德则认为人的本质在于思考的能力。他说，人的本性是**理性**动物。尽管他还有一句名言，"人本质上是一种政治动物"，具有和其他人组建社会的本能。[3]

暂且把关于"本质"的形而上学争论放在一边，我们可以

第四章 当坏思考变成坏行为

肯定地说，人是一种**道德**动物，或者换一种更好的说法，人是"**道德主体**"。在排除相关残疾问题的情况下，我们天生就有根据原则和价值观来省思行为的能力。当我们选择做一件事是**因为**经过审慎的反思时，我们就相信这样做是正确的（或者因为这件事是错误的，所以不去做），这时我们就成了道德主体。但是，当我们**尽管**明白一件事是错的，但还是去做这件事，甚至于**因为**一件事是错的，所以我们去做这件事的时候，我们也在运用这项人类的基本能力。只要我们理解和认可的原则和价值观——不管这些原则和价值观是什么——有意识地影响和选定了我们的行为，那么不管行为是好是坏，我们都是道德主体。纳粹党徒与好撒玛利亚人一样是道德主体。

可惜，这个慎思明智的实践理性过程有许多种失灵或失控的方式。正如纳粹的例子所示，充分实践我们的道德主体性并不意味着我们会做好事或者正当的事，甚至不意味着我们有做好事或做正当的事的**意图**。但更切题的是，我们并非所有时候都会充分实践道德主体性。甚至在有最良善的意图时，我们也会做出一些假如有过正确和妥当的思考就不会做或许也不应该做的事。我们现在知道，由于坏思考作祟，好人也会犯认识性错误，他们常常会相信没有充分证成的事情。但是，由于另一种不同的坏思考，好人也会**做**坏事。或许更常见的是，好人会因为坏思考而没有做好事。

思考，好与坏
WHEN BAD THINKING HAPPENS TO GOOD PEOPLE

判断失误

我们来看下面几个例子。

威斯康星州麦迪逊市一所高中的一名黑人保安在处理一名同样是黑人的违纪学生。被保安带走的途中，学生不停地用一个著名的种族歧视称呼叫他。保安多次对学生说："不要叫我黑鬼（negro）。"但是，当地学区对"黑鬼"一词采取"零容忍，说一次就开除"的政策。这项政策本意是好的，目的是为多元化学生群体营造一个安全和尊重的学习环境。但是，纯粹从字面上看，保安似乎违反了这条规定，立即被校长开除了。（此事引发了公愤，保安后来得以复职。）[4]

在俄亥俄州的一次越野跑中，一名16岁的女性穆斯林在比赛中被取消参赛资格，原因是她戴了头巾（她上的是一所私立穆斯林学校，但参加了当地公立高中的体育队）。因为教练**赛前**忘了替她按照规定填写宗教服饰申请表（按理说她应该会申请成功），结果赛事主办方**赛后**告诉她，她的头巾（尽管是耐克牌的，但并未带来竞争优势）违反了参赛选手着装规定。她在这场比赛中跑出了个人最佳成绩。[5]

在纽约市的一家商店里，一名拄拐杖的老人拿着一瓶酒和其他商品来柜台结账。老人显然早就超过了21岁的法定饮酒年龄。他主张自己至少比纽约州购买酒精饮料的法定最低年龄大了五旬，但因为他没有带照片的身份证证明这一点，所以他被

第四章　当坏思考变成坏行为

告知不能买酒。他要想买的话，就必须回家拿驾照或其他身份证明，然后再回店里。[6]

这三个案例都有着明显的问题——而且世界各地每天肯定都发生着许多类似的事。这与我们考察过的认识性顽固有关，但还不止于此。这不只是个别人顽固地坚持没有充分证成的信念，或者更糟的是，坚持明显被证据推翻的信念，这里存在着道德失误，原因不是恶意或者缺德，而是思虑不当。

在这三个案例中，我们都看到了过分狂热，乃至于不假思索的规则运用。在前两个案例中，这造成了任何一个讲道理的人都会认为失之偏颇乃至不公的对待；第三个案例中的处置手段则是无理和愚蠢的（对老人来说则是极为不便和令人困扰的）。问题在于，执行规则的人并没有足够认真地思考自己在做什么，所以做出了不合情理的行为。

法律、规章、规则、原则——不管属于民事、道德、商务、体育或是其他类型——本质上都具有普遍性。为了有效广泛涵盖众多的情况和事例，它们必须如此。正如哲学家和法学理论家 H. L. A. 哈特（H. L. A. Hart）在经典著作《法律的概念》(*The Concept of Law*)中所说，如果一个社会的成员可以做什么、不能做什么，都必须接受某位主权代表的直接个别指令的话，那么社会是不可能运转的。你不能指望执行委员会的首脑逐件事地裁定人们能不能按照自己的意愿行事。问题不仅仅在于时间或通信。如果给出一张所有人都能公开获取的表，上面规定了每一个人在什么时候、什么情况下能做什么事，那同样是行不通的。即便这张表不是无穷无尽的，在实践层面也是列不完的，因为它的起草者必须预见到每一种能想到的情况下的每一种可能行为。我们不会依赖于一批针对个人及其情境编写的高度具体的规定，而是依赖于法律，也就是哈特所说的"既不指名道姓地针对或直接告知特定的人，也不指示他们去做一个特定行为的普遍指导形式"。因此，法律总体上有两种"标准形式"："一方面，它指出一个普遍的行为模式；另一方面，它又让这一模式适用于一个普遍的角色群，属于该角色群的人们被期待着能够注意到这一行为模式适用于他们，他们应当对之加以遵行。……受控角色的范围和指明这种范围的方式，随不同的法律制度甚至不同的法律而变化。在一个现代国家中，人们通常认为，如果没有特别指示来对受控角色群的范围加以扩大或缩小，那么，该国一般性法律就能够施及其国境之内所有的人。"[7]

法律尽管具有一般性，但仍然有着或多或少的特殊性。比如，一些民事法律——例如，涉及最恶劣的刑事犯罪的法律——针对一切条件下的全体公民。针对谋杀或盗窃的法律适用于所有人。另一些法律只针对满足特定条件的人——比如某些有组织活动的正式活跃成员。棒球比赛的假投规则规定，如果投手已经上丘并踩上了投手板，则不能为了欺骗跑垒手而假装投球。这条规则尽管没有指出任何选手或球队，但仅适用于实际参赛者，而且是一部分参赛者（投手），不是投手的球员，以及没有上场的人在投手丘上想干什么都可以。然而，尽管一部法律或一条规则的适用范围受到了这样的具体限制，它还是必然具有一定的一般性，否则就谈不上是真正约束行为的"法律"。规则不可能仅仅不允许纽约洋基队的某一名中继投手假投。那就根本不被称为法律，而更像是一项随意的规定。

此外，为了维护一般性和实用性，法律必须相对简单直接。法律的宗旨是用明白无歧义的方式对行为加以规定或禁止，尽管并不是总能做到。如果法律明确附加了条件或例外情况，那么这一宗旨就会受到妨碍。法律不会写："驾车不得超速，除非你正紧急赶往医院并且车技优秀。"法律会写："驾车不得超速。"

尽管法律具有一般性，但法律适用的人却有很强的特殊性。毋庸多言，人的条件、需要、欲望、偏好和境遇都有无数种差别。即便如此，在相关法律面前，人的行为一般是清晰明了的。不管是富人还是穷人，车技好还是坏，开保时捷还是大众甲壳虫，只要你是在操控一辆运动中的机动车，那么你就是司机。如果你超速了，你就违反了一条交通法规。而且，不管你是谁，不管你住在哪里，不管你有什么样的物质或精神需求，你都不得敲诈勒索，做伪证或进行内部交易。

法律与规则的一般性和简单性是相对的，这意味着实施和执行法律法规需要中介。必须有某个人（或者在当今的自动化时代，某个物）来判定一条法律或规则是否适用于某一具体情况，并裁量应用法规的尺度。当然，负责这件事的是警官、保安、法官、监管机构、巡查员，以及其他负有监督人们是否遵守公法或私营部门内部规章之正式职责的人（工厂经理、体育联赛里的裁判）。但是，这也是每一个人在生活的许多场合中都不得不做的事，尤其是（但未必是）拥有一定专长或权威的人。医生需要确定一种通常适用于某种病症的疗法用在具体病例中是否恰当；教师必须在课堂中执行礼仪规范；店主必须确定是否有某些情况无须要求顾客出示身份证；父母在某些情况下也免不了要做出选择，是去执行自己立下的规矩，还是网开一面。

麻烦这就来了。

差异的相关性

我们已经看到，人类行为有大大小小、林林总总的差异性与特殊性，而在判定是否要执行法律的时候，这些情况通常都是无关的。如果你超速了，那么你的身高、体重、收入和音乐才艺都无关紧要。如果你不到年龄，那么即便你穿着一身时尚潮牌买酒也不会让店主为你开后门。

尽管如此，差异有时**确实**会造成区别。在一些场合下，差异是相关的，执法者应当乃至有义务考虑个人及其状况的特殊性，就算不是从法律角度，至少从道德或实践角度看是这样。

这时就是判断力要发挥作用了，它与我们之前考察的理性官能截然不同。

甚至在最简单明了的情况下，执行法律或运用规则一直都需要做出判断。了解相关法律或规则是执法者职责中比较容易履行的一部分。假定他们要将法规运用到每一个情况中。警官要熟悉辖区内适用的法律条文。保安应该了解供职商场的规定，例如，什么样的行为算是商店行窃，如果看见有人偷东西要怎么做。裁判必须牢记各自运动的规则，以便在激烈的比赛中做出快速且往往艰难的判断。

任何执法工作中难度略大的一项职责是掌握相关的事实。你需要确定自己现在要施行法律或规则的特定情况。你必须确切了解事件经过，然后评判这件事到底符不符合规则。开车的人真的是嫌疑人吗？他是否行驶在限速区？运动员穿了什么服装，赛事规则是否禁用这种服装，运动员在赛前是否提交了申请表？顾客有没有把鞋塞进包里，然后不付钱就想出店？抓住橄榄球后，选手的脚有没有越界？在规则清晰、相关情况或行为确切无争议的时候，确定上述情况会相对简单。"是的，警官，正如你的测速枪所示，我开车超过了牌子上的限速。"在实证性问题中的任何模糊或疑点都可以通过进一步调查来解决，比如拍照留证或视频回放。尽管仍然要涉及一定的判断要素，但主要仍然是确定事实。

涉及判断的最困难的问题——对我们的目的而言，也是一个牵涉道德的重大问题——在这件事中是否**应该**援引法律或规则，以及**如何**执行法律或规则。假定执法者与犯法者都知道法律或规则，再假定双方对基本事实经过达成了共识——从技术层面而言，此人违反了相关法律——那么，剩下要做的决定就是在这种情况下要不要执行法律或规则了。实际上常常是也应该是没有选择余地的。窃贼应该被逮捕和制裁；选择对明显犯规视而不见的体育裁判会为自己的疏忽付出沉重代价。但是，在一些情况下也是必须要做出决定的：对违法行为视而不见是否有意义，这个意义是不是比执行法律的意义更大？

知道该做什么与什么时候该做

　　判断是一个裁量问题。谨慎的人知道在何时何地不能说某些话或做某些事，擅长评判人或局势，确定应该说什么话，做什么事。相比之下，不谨慎的人常会说错话或做错事，显得不体面或者冒犯他人。

　　道德领域的判断是一个合理区分的问题。判断力良好的人明白手头具体案例中的哪些方面是典型情况，**以及**哪些方面是特殊情况，然后说明这里的特殊性是否相关。商店里的老人明显超过了法定饮酒年龄几十岁，这是相关的；他要买的是梅洛红葡萄酒，这是不相关的。少女赛跑者确实戴了头巾，而且她的教练忘记替她申请了；要紧的不是头巾的品牌或颜色，而是它有没有带给她竞争优势。一切都要看具体情况。一名男子开车去医院的路上超速了，因为车后座上是临盆的妻子，于是警官没有给他开罚单，这就是判断。

长久以来，哲学家一直对道德生活的复杂性怀有执念。[8] 在扶手椅上平静地反思以确定什么在原理上是对的，什么在原理上是错的，这已经够难了；而在紧急关头下知道自己要做什么就更难了。要考虑的因素常常有很多，而且做一件看上去（而且或许确实是）正当的事会要求你无视其他某种义务。紧急救助陌生人可能会让你不得不背弃对一位需要安慰的好朋友的承诺。在索福克勒斯的悲剧中，安提戈涅必须做出选择，一边是埋葬死去的兄长这一个人与宗教义务，另一边是履行公民义务，遵从克瑞翁国王将叛徒尸体交给秃鹰啄食的命令。她的道德冲突是实实在在的。[9] 情境可能就是如此，我们不可能履行自己的所有义务，更不用说满足自己的所有愿望了。有时，我们最多只能是两害相权取其轻。

传统上，深受这种表面复杂性困扰的哲学家立志将伦理学归约为一条终极原理，人们认为这种半机械式的规则应用能够为每一个情境提供唯一的、明确的、道德上正当的答案。在英国道德哲学家杰里米·边沁（Jeremy Bentham，1748—1832）和约翰·斯图亚特·密尔（John Stuart Mill，1806—1873）等功利主义者看来，功利原则（追求幸福最大化）就是终极原理：你应总做这样的行为，即预期它能够增进所有受其影响的人的福祉。伊曼努尔·康德（Immanuel Kant, 1724—1804）则认为，在判断一个行为的对错时，行为后果是与道德无关的。他主张实践原则是一条绝对无条件的道德律令，也就是"定言令式"：作为纯粹理性的道德主体，你应总做这样的行为，即你能够设想这种行为应该是一条对所有人都适用的绝对律令，而不管你个人有什么倾向或偏好。换一种类似的说法就是：要是所有人都这样做会怎么样？你能够合理地设想所有人都应该被命令（甚或被允许）去做你将要做的事吗？如果不能，那么你的行为在道德上就是错的，你不应该做。康德举出了虚假承诺的例子。没有理性人会将"在为了省事且符合自身利益的情况下允许做出虚假承诺或说谎"定为一条普遍法则。

然而，这样简单且唯一的原则既不可取，也不现实。这种追寻绝对法则的策略很容易导致直觉上在道德层面引人怀疑，乃至令人反感的结果。例如，按照康德的原理，不得做出虚假承诺或说谎成了绝对的道德义务，因为理性主体不可能设想下列情况成为普遍法则，即人们可以为了省事做出虚假承诺或说谎。这条法则是自我挫败的，因此也是不理性的；它会让虚假承诺和说谎本身变为不可能，因为欺骗所需的信任会被破坏。在一个道德上允许乃至鼓励虚假承诺和谎言的世界里，没有人会相信其他任何人说的话。然而，康德的绝对原则有一点坏名声：它甚至适用于说真话会带来可怕道德后果的情境，比如

1943年，当纳粹走进你在阿姆斯特丹的家门，要求你回答有没有将犹太人亲属藏在自己家里的时候。

人类主体被要求采取行动的情境，以及人们被要求达到的期望是多样而复杂的，任何单一规则都不可能容纳；当有多条规则发挥作用时，碰撞就可能会发生。有时，功利主义思维有着明显的局限性，不管它能够产生多少快乐，我们都有强有力的理由不去做某件事。[10] 就原则而言，奴役少数群体是道德上不可接受的行为，不管这样做会带给多数群体多少快乐。医生永远不应该摘取不知情的健康患者的器官，哪怕他能够通过器官移植手术挽救五个人的生命。也有的时候，我们似乎有良好的功利主义理由去违背一条看似绝对的道德禁忌。挽救一个人的生命，或者仅仅是缓解一位朋友的痛苦的谎言或许是可以接受的。如果你的父母生病了，需要送医救治，那么你就应该违背跟朋友见面喝咖啡的承诺。有时则根本没有现成的规则，我们只能依赖内心深处的道德直觉，甚至仅仅是爱或善意的感受来指导行为。道德主体性不只是刻板地运用某一条普遍法则。

这就要用到判断力了。判断不只是了解哪条规则可能与具体情境相关，如果有规则适用的话。决定什么是正当的行为要运用我们自己的正义感和公平感，而这可能需要有做出通融的意愿乃至直接拒绝援引规则。判断需要思考和裁量。

无视规则或事实实际上就是转身离开，运用判断力则不是这样。本质上，转身离开就是拒绝做出判断，从而放弃责任。

相比之下，下判断既要承认规则已经被打破了，肇事者从技术上来说是有罪的，也要清醒而有意识地选择不执行规则。同样重要的是，如果遇到质疑，你必须做好合理为这一选择辩护的准备，这也是一个与转身离开不同的地方。判断，就是承认完全照章办事会造成不公正，或至少是不可取的事态。

麦迪逊市高中的管理人员、俄亥俄州比赛的裁判、店主本来都能够也应该发挥判断力。[11]这三个案例都反映了某种顽固。这与认识性顽固并非没有关联。如前所见，认识性顽固主要是面对表明一个信念缺乏证成或虚假的证据时拒绝修正乃至放弃信念——这已经上升到了不理性，甚至愚蠢。然而，校方、越野跑和商店案例中表现出的顽固主要不是认识性的，而是实践性和规范性的。哪怕有大量支持性证据，认识性顽固的人仍然固执己见，不顾有力的反对理由，或者拒绝接受一个信念。**规范性**顽固的人则是非要执行一条规则，不管这样做在当前情况下是如何存在明显错误和如何无益。这种人不知变通，显然对规则的初衷和顽固带来的后果无动于衷。

在上述三个例子中，墨守成规的人就像认识性顽固的人一样，同样犯了一种坏思考的毛病。他们没有合理地评估自己的行为，反思自己为什么要这样做。同理，他们不考虑自己**应该**采取什么行动，以及自己为什么**应该**那样做。他们没有抓住机会，考察驱动着自己正在执行的规则的原则与价值观——不管是他们自己的道德原则，还是他们供职机构的原则与价值观，后者或许要更加重要——借此对自身行为进行批判评价。简言之，他们没有运用判断力，而是在盲目行动。认识性顽固的主体无视了好推理的规范；规范性顽固的行为者则无视了良好运用判断力的原则。

并不是所有形式的规范性顽固都涉及坏思考。显然，坚持执行规则常常是有好理由的，甚至在这样做有难度或者会造成一定损失的情况下。为人父母的人能轻松回忆起执行规则比用例外开脱的做法代价更大、更有挫败感或者适得其反的情形。但在这种情形下，执行规则还是得到了证成的，或许是为了树立良好行为的榜样先例："不行，不管你怎么闹腾，晚饭前都不能吃蛋糕。"然而，在我们考察的三个案例中，规范性顽固让规则执行者没有看到规则的善意初衷，于是墨守规则的条文，却不符合规则的宗旨。他们也不清楚例外情况在什么时候不仅完全无害，而且还会带来好结果或避免坏结果。

亚里士多德承认，裁量是德性的一个关键要素。他在自己的伦理学著作中主张，有德性的人——赋有 areté 的人，也就是真正具有与思想和行动相通的卓越理性的人——善于凭借直觉来评判自己的状况（以及他人的状况），并选择恰当的行动。在亚里士多德的表述中，恰当的行动一般是两极之间的中道。[12] 例如，慈善之人不会吝啬，也不会铺张，他不会捐得太少，也不会捐得太多。勇敢之人既不怯懦，也不莽撞，他懂得何时要坚守立场，何时又要回避冲突。此外，"中道"往往是相对于个人及其处境而言的。比尔·盖茨或英国女王的慈善事业对小康之人来说当然是太多了，穷人更是不可能做到。同样的行为，对一名训练有素的健壮青年来说是勇敢，而对一名体衰、年老、病弱之人来说很可能就是莽撞了。通盘考虑之下，专业游泳选手跳进湖里解救溺水者是正当的做法，甚至是一种道德义务，而不会游泳的人当然不会有救人的义务，事实上这还是一种愚蠢的做法。有德性的人在运用实践理性中表现卓越，知道具体情境下怎样做是正当的和恰当的，而且会这样去行动。他善于运用判断力。

当然，如果我们在每一个需要行动的场合都要运用判断力，生活就要难得多了。毕竟，规则的意义就是将事情简化，方便处置。我们未必总能评判情况是否与规则相关，运用规则又可能会造成什么后果，尤其是在情况复杂且需要立即行动的条件下。[13]另外，一旦我们将自己的所有决策都交给规则，那就是放弃了自己作为道德主体的一大部分责任。[14]

论软弱

人为什么没能甚或专门拒绝运用判断力，做他们认为——有时是知道——正当的事？可能的解释有许多种。偏见、懒惰、紧迫都可能妨碍判断所需要的理性反思。情绪也会阻止我们为了做正当的事而容许有例外情况,这有时是完全可以理解,甚至情有可原的。如果要求老人出示身份证的是商店收银员,那么即便他对老人可能心怀同情,或许也明白在这种情况下执行店规是荒谬的,他也可能没有做出通融、允许老人不带身份证买酒的权利;在这种情况下,害怕被开除的合理顾虑迫使他遵守规定,哪怕这样做是荒谬的。[15](经理或店主拒绝通融就完全是另一回事了。)有时,在恐惧、爱、恨、愤怒等激烈情绪面前做出合理判断需要坚毅、强健的头脑甚至勇气。激情常常会胜出。

古罗马诗人奥维德的《变形记》(*Metamorphoses*)中讲述了许多故事,其中一篇是伊阿宋和美狄亚的悲剧。年轻的美狄亚得知父亲埃厄忒斯国王为阿尔戈英雄们提出了夺取金羊毛的苛刻条件,于是对情郎将要遇到的危险心生恐惧。美狄亚感到了撕裂,一面是深爱伊阿宋,迫切地想要帮助他,一面是要忠于自己的父亲。"理性无力制服她的激情",她最终选择为爱放弃责任。

> 我被一股奇异的新力量拖着走。
> 欲望与理性
> 将我拉向不同的方向。我看到了正路,
> 也赞同正路,
> 却走上了邪路。[16]

她做了明知是错的事,但不能自已。

哲学家认为美狄亚的内心冲突代表了一种道德困境。古希腊人将这种困境称作"akrasia",字面意义是"缺乏力量",常常被翻译成"(意志)软弱"或"不能自制"。akrasia 是一个主体知情且自愿地做出与合理判断相反的事。这是人性中崇高与低劣之间的冲撞,一个人清楚地知道自己应该做什么,甚至也有那样做的动机,但还是不知为何没有按照自己的知识和意愿行事,最终做了另外的事。

在美狄亚的例子(至少是按照奥维德的讲述)中,akrasia 就是激情压倒了理性。头脑说要做一件事,但心最终却驱使人走上了另一条路。事实上,许多哲学家就是这么解释这种现象的。例如,柏拉图将人的灵魂分成了几个不同的部分,他对软弱或不能自制的解释是:低级部分(欲望)让灵魂违抗了高级部分(理性)的命令。在《柏拉图对话集》中《斐德罗》(Phaedrus)一篇中,主人公苏格拉底讲述了一则寓言,将灵魂形容成一辆由两匹马拉的战车。白马是理性,想要带着战车向上;粗野的黑马是欲望,将车往反方向拉。车手必须对抗将车往下面拉的黑马,也就是欲望的冲动。苏格拉底在对话中解释道,这是一场"天生的享乐欲望"与"后天习得,追求至善的判断"之间的冲突。他写道:"有时,这两种内心的指引是和谐的,有时则不和谐;有时一者占据上风,有时另一者占据上风。当判断指引我们理性地追求至善,并且具有掌控力时,这种掌控叫作节制。但是，当欲望不理性地将我们拖向享乐，并统治了我们的内在世界时，这种统治就叫作放肆。"[17] 柏拉图相信，akrasia 是真实的现象，人们有时知道也有动力去做正当的事，但还是做出了有意违背这种知识的事。

17 世纪的哲学家巴鲁赫·斯宾诺莎 [Baruch Spinoza，又名"本笃·斯宾诺莎"（Benedictus Spinoza）]（1632—1677）在一定意义上同意柏拉图的看法。当激情压倒从而颠覆理性选择时，人就会变得软弱或不能自制。但对斯宾诺莎来说，不是非理性的享乐欲望凌驾于我们，或者阻止我们执行理智本性发出的客观的、不带情绪的命令。不是身体对抗头脑，或者桀骜不驯的欲望对抗冷静平和的理智。正如享乐、痛苦和其他来自或期望会来自外物的感受一样，真正的理性观念也有自己的情绪力量，甚至理性观念会有一种驱动着我们的"感受"或者说冲力。当一个人蒙受 akrasia 时，关于做最好的正当理性判断所具有的情绪力量太弱，就无法克服想要做其他事的激情欲望所具有的拉力。你可能非常想做正当的事，但这种欲望被某种你期望中的低俗欲念压倒了。最后，我们的做法之所以违背了自己的良好判断，是因为即时满足的诱惑胜过了克制欲望更有利于长远利益的知识。例如，这能够解释为什么一个学生马上就要考试了，而且他很想取得好成绩，但还是出门与朋友开派对。用斯宾诺莎的话说："一种来自对善恶的真正了解的欲望，可以被其他许多种来自折磨着我们的情绪的欲望所消灭或抑制。"[18]

柏拉图和斯宾诺莎描述的这种 akrasia 其实并不是坏思考的问题。不是一个人没有充分考虑自己的原则和行为，于是在理性反思缺位的情况下，没有形成关于正当做法的得到妥善证成的信念，也没有形成做正当之事的欲望。这个人有理性的欲望去做他认为正当的事情，只是这种欲望的力量不如非理性的欲望大。好思考与运用判断力并不能保证一个人**会**做正当的事。

然而，亚里士多德给出了另一种对软弱或不能自制的解释。在他看来，软弱主要不在于做出违背完善判断的事，而是理性与判断的失败。在亚里士多德看来，不能自制的主体**并未违背**自己良好的判断，原因主要是他从一开始就没有形成正当的判断。于是，我们将会看到，被亚里士多德描述为 akrasia 的现象确实将软弱表现成一种坏思考的模式。

亚里士多德将指导道德主体的日常行为思考称作"实践推理"。它确实**是**推理的一种形式，当一个主体思考要如何行动时，他首先会从若干前提出发，然后推导出关于行动的结论。这很像第三章考察过的演绎推理。亚里士多德给出了如下的例子："我需要外衣，斗篷是外衣，所以我需要斗篷。我应该制作我需要的东西，我需要斗篷，所以我应该制作斗篷。"[19]亚里士多德并不认为每一个主体在每一个行动中都会外显地、有意识地进行这种内心的逻辑论证。三段论只是为了用形式手段来刻画人思考和选择行为的内心过程，这个过程本身是自发进行的。

当实践推理得到正确运用时，亚里士多德将这种德性称作

phronesis，有时翻译成"明智"。明智不是理论知识或科学知识，而是一种由理性指导的实践技艺。他说："明智的人的特点就是善于考虑对于他自身是善的和有益的事情。不过，这不是指在某个具体的方面的善和有益，例如对他的健康或强壮有利，而是指对于一种好生活总体上有益。……明智是一种同善恶相关的、合乎逻各斯的、求真的实践品质。"[20]phronesis 本质上是关乎行为的良好判断。它的目标是追求良善目的的正当行为。明智的人完全确定地明白什么是最好的行为。做到这一点的方法是从真的前提出发，有效地得出结论——不是理论或思辨性的结论，而是实践性的结论，是行动的命令或指令——接着，如果一切顺利的话，践行自己对于"善恶"的知识。[21]

明智者在推理时会从一些普遍的原则或断言出发，这就是"大前提"或者说一般性前提，比如"健康饮食对人是好的"。明智者还特别擅长评判具体状况，识别突出特征，然后将其归并到普遍原则之下。于是，他知道眼前的素食是健康饮食的一个实例，这个具体的断言就是三段论中的"小前提"。接着，他会用演绎推理得出结论：所以，吃这份素食是好的（在其他条件相同的情况下，他会吃掉它）。

一般来说，明智者的实践推理会从一个要实现的目标开始，这不是随便一个目标，而是一个正确地认为对人来说是好的、有价值的目标。接着，他会发现实现这个目标的最有效途径。"使得目的正确的是德性，而使得促进目的的事物正确的是明智"[22]。只有聪明而缺乏 phronesis 的人才擅长实现他为自己设定的目的，然而他的目的并不总是善的。"如果目的是高尚的，它就值得称赞；如果目的是卑贱的，它就是狡猾"[23]。

因此，明智的人擅长考虑不同的行动路线并做出选择。他拥有非凡的判断意识。他明白自己心中善的概念，也确切地知道要实现善，在眼前情况下需要做出怎样的要求。简言之，他知道正确的目的，也知道如何实现它。于是，他就做出了正确的事。而且他不是偶然地做出了正确的事，而是有意为之，知而为之。相比之下，德性较浅、缺乏 phronesis 之人就不会事事顺遂。亚里士多德指出，实践推理有时会失控，于是我们就做出了与最优行为相左的事情。

亚里士多德对 akrasia 的探讨是出了名难懂，而且模糊之处甚多。[24]按理说，不能自制的人应该知道自己在做错事，那他为什么还要做呢？他是在什么意义上"知道"自己的行为是错的？他是如何做出了违背良好判断的行为的？

有时，亚里士多德对软弱的解释似乎类似于柏拉图和斯宾诺莎的解释。不是因为我们没有进行正确的思考，所以缺乏对正当行为的全面认识，而是对肉体或其他快乐的强烈欲望将我们拖往不同的方向，精微的理性认识无法与之匹敌。亚里士多德一开始将不能自制定义为"过度追求快乐，对这些事物的获得违反了正确的逻各斯"。甚至在我们完全清楚对错，理性尽管是健全的，还是被对食物、性爱和其他诱惑的欲望所"压倒"

时，这种情况也会发生。[25]

但在另一些时候，欲望可能会破坏理性的正常运转。在这种情况下，行事不当就确实是认识缺陷——认识不足、推理不周——的结果，尽管这种不足和不周的根本原因还是激情或欲望影响力过大。亚里士多德说的"冲动"的人是指："不能自制有两种形式，一种是冲动，一种是孱弱。孱弱的人进行考虑，但不能坚持其考虑所得出的结论。冲动的人则由于受感情的宰制而不去考虑。"[26]亚里士多德喜欢说，冲动的不能自制者有知识，但只是在"一定程度"上。他具备有效实践推理所需的一切：他懂得普遍原理，也理解当前情形的特殊性。然而，他不能完全激活和运用这种知识。有许多事情——"入睡、发疯或醉酒"或"情绪、性欲"——能够"扰乱知识"，让人无法全面掌握相关事实，或者不能进行妥当的思考，又或者无法正确运用知识。"不能自制者不像一个具有知识并在沉思的人，而像一个睡着的人或醉汉。"[27]

冲动的不能自制者被暴食之欲或饥饿之苦所压倒，会做出多种错误行为：或者是不再关注自己关于好食物与坏食物的知识，或者是认识不到眼前食物如一份高糖甜点的危害，又或者没有得出自己不应该吃下眼前食物的结论。类似地，陷入色欲的人也许不能正常思考，不明白最好的做法是什么，所以没能抵御住通奸的诱惑。这么说吧，知识就在那里，但错误的欲望妨碍或抑制了知识。于是，**在某种意义上**，这个人确实知道自己的做法是错的，所以**算是**违背了良好判断。但在某种意义上，他又不知道"当一个人不能自制，并且因为［被食欲］影响而被牵着鼻子走时，这时的知识似乎并不是完全意义上的知识。……关于不能自制者是否具有知识，以及虽然掌握知识，但行为上依然不能自制这种情况如何是可能的，我们就说这么多"[28]。这样看来，不能自制的人之所以违背"良好判断"，是因为违背了这样的一种判断：如果他对好坏善恶的所有信念，以及他对具体事物——包括他在当前情况下需要了解的一切——的所有感知都处于活跃状态，并且在精心实践推理的过程中发挥了适当的作用，那么，他就**将会**做出这样的判断。

归根结底，亚里士多德与苏格拉底的观点未必就截然不同。[29] 据说，柏拉图的哲学导师不赞同弟子的看法，主张没有人会在有知识且心甘情愿的情况下做出错事。如果你没有做好事，那是因为你缺乏某些必要的信息——或者是不知道关于好事物的普遍原理，或者是不知道某一件事物确实是好事物。柏拉图在一篇对话录中借苏格拉底之口说道："当人们在苦乐——也就是好坏——问题上做出错误的选择时，犯错的原因是缺乏知识。……真正被享乐所宰制的其实是无知。"[30] 对苏格拉底来说，知善意味着行善。亚里士多德或许也这样认为：如果你的知识活跃且未遇阻碍，而且你通过恰当的实践推理过程得出了规定性的结论，那么你就必然会做正当的事。你明天就要考试了，如果你确实在最完全的意义上**知道**学习比看电视好，你完全了解你所处具体情境的相关信息（你还没有为考试做好准备，这一次考试分数很重要，等等），并且你将上述信息全部进行了正确的组合，得出了正确的实践结论，那么不管你可能还有什么别的欲望，你都会去自习。

"我为什么应该这样做？"

akrasia，或者说软弱的问题——一个人为什么做出了违背自身良好判断的事，没有做明知是对的事——应当与一个相关但毕竟不同的问题区分开，即动机问题。动机问题是指，你有没有可能知道正确的做法但没有去做的动机。对软弱来说，我们是假定一个人**有**做正当的事的动机——美狄亚感觉到对父亲的义务在拉扯着自己，她也有服从父亲权威的欲望——但这种动机屈服于一种相反的冲动。相比之下，我们可能会想，一个人能不能明明知道正当的做法，但还是会问："**我**为什么应该这样做？"未能履行道德义务未必是因为不知道正当的做法，或者这样做的动机弱于某种相反的欲望只是因为没有欲望或动机去做正当的事。

这是不是一个坏思考的例子要看情况。道德推理与道德动机的关系是复杂的，哲学家在这个问题上一般也是犹豫不决的。问题的本质是，道德判断——关于正当行为的合理证成信念——本身是否就足以充当做正当之事的动机（哪怕最后事实上没有做），或者还需要信念以外的某些东西，比如欲望、渴求、情绪或激情。

一些哲学家主张，认知状态（如信念）是一回事，动机状态——激励我们行动起来，按照自身信念行事的东西——是另一回事。换句话说，按照这种看法，动机是外在于信念或判断的。不管你有多少思考，不管你多么清楚明白地懂得某一种做法是正当的，那都不足以成为你行为的动机。对外在主义者来说，动机需要认知以外的东西，需要除了正当与善好的理性洞见之外的东西。如果你看见一个人掉进了湖里，你或许（从理性角度看）完全明白救人在道德上是正当的。但外在主义者主张，这种认识本身不会激励你去救人，除非加上对落水者的爱或同情、对他人崇拜的渴望、对奖赏的希望等。[31]

比如，18世纪的苏格兰哲学家大卫·休谟（David Hume，1711—1776）主张，仅凭信念本身——相信一种做法是对的，是符合自身利益的，或者能够造福世界——并不足以让人行动起来。如果没有"喜悦或厌恶的情绪"或者其他好恶感受，理性判断就不会让你做任何事。"必须触动人心。"休谟说，否则不管理性说什么，你都会无动于衷。[32]

另一些哲学家主张，如果一个人得出了做一件事是正当的理性判断，他就**必然**会有做这件事的动机。按照这种看法，动机是"内在"于道德推理的。关于善好或正当的信念本身就是动机，本质上必然伴随着行动的欲望或倾向，即便出于某种原因——比如强大的反向激情或欲望——这个人最终没有付诸行动。[33] 如果你已经得出结论，认为遵守对朋友的承诺在道德上是正当的，那么内在主义者就认为，你必然有在一定程度上遵守诺言的动机。于是，你不可能问，"**我**为什么应该这样做？"，因为在做出遵守诺言的正当判断时，你**必然**会感觉这样去做的动机——这是判断某件事正当的题中之义（尽管你最后仍然有可能没有遵守诺言）。[34]

但这意味着，如果你认为做一件事是正当的，但仍然**没有**任何做的动机（因此也没有做），那么你的推理中其实是有某些地方没做好。你的思考和判断肯定出了问题，于是你并没有**真正**明白做这件事在道德上是正当的。如果你仍然能够问，"**我**为什么应该这样做？"，那么按照内在主义的看法，你肯定并没有真正明白做这件事是正当的。对内在主义者来说，知善可能不意味着行善——良好的意图未必总是能付诸实践——但确实意味着你**想要**行善。因此，如果你**不**想行善——如果你没有解救落水者的欲望——那么，你必然并没有真正懂得什么是善。

与许多哲学争论一样，外在主义与内在主义之争依然如火如荼。这场争论中有一大部分或许取决于一些基础的心理学、现象学以至神经生物学证据。内在主义者说，你不可能既明白什么是正当的，又感受不到相应的动机。这种说法正确吗？外在主义者主张，你可以既对一个行动的道德属性具有得到证成的强烈信念，但又完全没有做这件事的欲望或冲动，这是一个来自内省的事实。他们说得对吗？[35] 如果你感受不到做一件事的动机，比如给父母打电话，那么你果真相信自己应该做这件事吗？

但与本书目的相关的是这样一种思想：没有做正当的事可以是坏思考的结果是因为没有对一个情境及其道德属性做出真实的评判。当我们的行动出了问题时——不管是我们想要做正当的事，但最后没有做，还是认识到做一件事是正当的，但完全没有动机去做——那未必是因为我们是禽兽，或者缺乏道德意识，或者怀有变态的欲望，而可能仅仅是因为我们的思想出了问题，没有形成关于对错或者眼前行为的恰当信念。[36]

我们要负什么责任

我们一般想要别人做正当的事。在大多数情况下，我们自己也想做正当的事。我们——还是在大多数情况下——会努力按照自己的良好道德判断来行动，说这话时并不需要对人性怀有不切实际的乐观看法。当然，我们并非总能做到，但当我们没有做正当的事时，我们常常会感到难过。当好人没有遵循自己的道德直觉时，自然都会有良心的刺痛、悔恨的感受，以至羞耻与尴尬，尤其是我们认识到原来不必如此的情况下——我

第四章　当坏思考变成坏行为

们其实可以不这样做，可以遵从自己的良善信念与价值观。亚里士多德说，这是不能自制的人与不节制的人之间的一个重要区别。不能自制或者软弱的人做出了违背良善判断的事，所以会在意识到自己做了什么的时候感到悔恨。另外，不节制的人并不会为自己做的坏事感到后悔，他们就是想做坏事。亚里士多德说，这就是不节制比不能自制更恶劣的原因。[37]

当我们因为坏思考，哪怕是无意间的坏思考而没有做正当的事时，我们是否应该受到谴责呢？根本没有运用判断力或者运用了但运用得不好都是错吗？一般来说，是的。作为理性的道德主体，我们有责任运用且运用好自己的理性。但是，这其实取决于我们对坏思考本身负有多少责任，也就是说，如果我们不知道原本会让我们做出正当行为的信息，或者做出了将我们导向错误实践结论的糟糕推理，那我们负有多大责任呢？

有时，我们愿意以不知者不怪为由原谅某人，这主要是对孩子，但偶尔对成年人也会如此。我们常常会说，确实不能指望某些人知道某些事。但事实上，他们是否**应该**去更多地了解呢？要如何解释他们的无知、不上心或推理错误呢？他们是否缺少形成恰当的对错信念或者得出关于正当行为的恰当结论所需的关键信息呢？如果这种信息无法或极难获取，那我们大概就不会谴责他们之后做的错事。吸烟现在被认为是 akrasia 的一个经典案例。当代烟民知道抽烟对自己不好，但还是抽。然而，在医学研究证明吸烟与呼吸系统及其他疾病之间存在关联之前，

· 133 ·

我们或许不愿意说烟民的行为违背了自己的良好判断。

但是，如果无知或推理谬误完全可以受人控制呢？人们也许是**直接**忽略了自己的认识主体性，于是也忽略了道德主体性。也许出于某种原因，他们顽固地拒绝考虑某些重要且容易获取的信息。我们前面讨论过的船东就是这样。尽管他要么知道船况不佳，要么拒绝认真调查船只是否适合出海（因为他知道自己可能会发现什么），但他还是任由满载着乘客的船只起航，这两种情况都一样坏。船东应该知道自己的做法是错误的，但他任由贪婪压倒了自己的认识责任与道德意识。在其他情况下，人们可能会发现在情感上难以接受与自身道德抉择相关的证据，比如，关于所爱之人意外且令人不舒服的真相。一些自闭症儿童的家长也许就处于这种境地。在心痛的驱使下，他们无视了疫苗并非罪魁祸首的证据，主张最后只会伤害其他儿童的政策。

当然，有的时候，我们做出糟糕选择的原因只不过是懒惰或缺乏耐心。我们在推理中可能过于随意或匆忙，于是没有得出关于要怎样做的正确结论。归根到底，这可能是我们前面考察过的规范性顽固事例的最佳解释。为什么麦迪逊市高中的董事会误罚了提到（但并未使用）种族歧视用语的保安呢？为什么赛事主办方无情地取消了戴头巾的运动员的参赛资格呢？为什么商店经理拒绝向七旬老翁卖酒呢？在这些例子中，显然糟糕的判断或许只是源于图省事。考虑怎样做才正确太麻烦了。

但在另一些情况下，人们可能要为自己的坏思考负**间接**责任，比如他们喝醉了酒，因此不能恰当地处理相关信息，得出最佳的做法。在这些案例中，要求他们为没有做正确的事负责，承担道义责任似乎也是完全合理乃至必要的。[38] 毕竟，醉酒的人尽管要对无知负有间接责任，但也要对令自己无法恰当思考的状况负有**直接**责任。如果我们可以因为认识失误而受谴责，那我们肯定也应该因为随之而来的道德失误而受到谴责。

第五章 智慧
WISDOM

雅典年轻人喜欢看苏格拉底让那些自以为是的人坐立不安。他不懈追问着公民同胞，包括政治家、医生和将军。他逼问他们，向他们抛出诱饵，直到他们在观点上让步，或者尴尬沮丧地逃开。他告诫他们要调整生活的优先顺序，要更关怀灵魂的品质与状况，而非财富、权力、荣耀这些短暂的好东西。最重要的是，他敦促他们要自省，因为自省是善好人生的起点。认真看一看你是谁，你过着怎样的生活。你到底有什么知识？你珍视什么？你真的有德性进而真的成为一个健康幸福的人了吗？

　　苏格拉底相信，这些是一切问题中最重要的问题。[1]它们也极难回答，哪怕考察的对象即自己近在眼前。但苏格拉底坚持认为，对这些问题连问都不问的人缺少了完满人生的一个关键要素，因此应该感到羞愧。苏格拉底说过的哲学史上最著名也最雄辩的格言之一是："不经考察的人生不值得过。"而他从来都是会毫不犹豫地让别人知道,他们的生活算不上是有价值的。雅典公民下令毒死了他,这又有什么奇怪呢?

在前几章中,我们考察了可能会出大麻烦的各种思考方式。有认识性顽固,尽管信念没有多少证成或者根本没有证成,或者面对压倒性的反面证据,但依然固执己见;也有各种形式的谬误论证。我们从逻辑规则和证成推理原则方面,考察了这些思考失误的补救办法。为了负责任地采纳和放弃信念,我们必须关注一些公认的基本规则。

我们还看到,我们所说的"坏思考"不仅仅是认识层面的问题,也会造成严重的道德后果。一个人如果思考得不好,就不会运用(进而贯彻)良好的判断,于是就不太可能把事情做好,做出正当的行为。对肯定疫苗安全性的证据视而不见的家长既伤害了自己孩子的生命,也会危及其他孩子。死板执行规则,不做适当裁量的学校董事会会给员工带来巨大的痛苦,并造成不公正的结果。

在本书的最后两章,我们要退后一步,审视大局。前几章对认识和道德理性的探讨有一个更广阔、更重要的背景。你可能会想,这些内容看上去都是专门化的哲学课程,它们与苏格拉底当年追问着探讨,并因此惹恼了雅典同胞们的最重大问题有什么关系呢?这些问题一直处于哲学的核心,即你应该如何生活?什么是人类的健康幸福(eudaimonia),如何实现它?

· 139 ·

事实上，坏思考不只在于你持有的个别信念、你做出的个别选择、你采取的个别行为。这不仅关乎你的想法与行为，更关乎你是一个怎样的人，你过着怎样的一种生活。好思考与好判断指导着好生活，让过上好生活成为可能。哲学之所以能让你拯救自己，不仅是通过让我们远离未证成的信念和思虑不周的行为，更是通过让我们走上斯宾诺莎等人所说的"生活的正道"。

智慧的德性

早在苏格拉底之前，古希腊人就充分懂得了智慧的重要性，他们将这种品质称为 sophia，它通常是所有德性中的至高统治者。尽管他们可能在智慧到底是什么，以及如何获得智慧上有异议，但他们都知道没有智慧就不可能过上好生活。缺乏智慧会带来不幸乃至灾难，这是悲剧的素材。

甚至在苏格拉底之前就有"philosophoi"（哲人）一词了，字面意思是"爱智者"。但是，当苏格拉底将哲学从探究天界与我们周围的世界转向追问好生活，从宇宙论与自然科学转向伦理学时，他就改变了智慧本身的性质。有智慧的人不再只是有某一项专长的人，甚至也不是博闻强识的人。智慧超越了实践技艺、丰富经验与深厚学识。对苏格拉底来说，智慧意味着知道如何过理性的生活，从而成为一个健康幸福的人。

第五章 智慧

尽管智慧有着神圣庄严的历史，如今似乎却成了被遗忘的德性。千百年来，人们认为是智慧让生活变得有价值，而如今我们似乎已经与它失联了。就算有人谈到智慧，通常也是在宗教背景下，或者与某种模糊不清的灵性概念有关。曾有很长一段时间，就连哲学家都很少谈论这个为"哲学"赋名的德性。[2]

我们大多数人都知道——或者自以为知道——诚实、慷慨、善良是什么。我们常用"忠诚""谦卑""和善"等词语来形容人，似乎也能轻易识别出宽容、慈善和审慎的行为。就连柏拉图的三枢德——正义、勇敢、节制也是我们比较熟悉的，尽管给它们下定义要更有挑战一些。它们仍然是我们的伦理、社会和政治词汇表中的重要组成部分。我们追求正义，羡慕勇敢，怜悯或谴责不节制的人。我们仍然忠诚于所有这些德性，不仅是在口头上，也希望会落实到行动中。这些德性指导着我们对人、行为和制度的看法。它们影响着我们的决定与选择——与前面一样，我们只能希望是这样——不管这种影响是多么微妙。它们是我们做出的一部分最重要判断的基础。

智慧是第四枢德，重要性不亚于甚至可能更甚于其他三者。（按照一种古老的观点，所有德性都是智慧的具体形式，是智慧在各种情况下的运用。因此，勇敢是战斗中发挥的智慧，节制是在肉体享乐方面的智慧；等等。）但是，与"正义""勇敢"以至"节制"等词语相比，我们更少用"智慧"这个词，用起来也更随意。它似乎散发着一股陈旧过时的味道。智慧落满了尘埃。就算它不是老人家的用语,也是属于古代的词汇。

我们仍然会讲智慧的话语、智慧的选择,甚至智慧的生活。智慧的男男女女做着智慧的事,向那些想约他们出去、买他们的产品或收听他们的播客节目的人给出智慧的建议。哲学家,热忱的爱智者们仍然在探究道德与形而上学(尽管哲学现在是,而且早就是一门学院里的专业,而非天职感召了)。但我们随意滥用"智慧"这个词的状况表明,我们对什么是智慧并没有一个共同的确切认识,甚至对"什么是智者"缺乏站得住脚的清晰信念。智者不只是机智、聪明或博学的人。智慧不同于学东西快或者知道的东西多,即便知识的内容是非常重要的。哲学家罗伯特·诺齐克(Robert Nozick)解释道:"智慧不只是知道根本的真理。"[3] 可是,当我们觉得一个人有智慧的时候,我们是在称赞他的什么呢?为什么智慧看似已经过时,但仍然有意义呢?

回答这些问题的部分难点在于,智慧看上去是不透明的。与柏拉图讲的其他德性不同,一个人的智慧不能从外显行为中轻易了解到。勇敢和仁慈明确反映在我们的行为方式中,甚至就是用行为来定义的。勇敢决定了一个人如何面对危险,是坚守还是退却。我们认为勇者应该做出具备某些特征的恰当行为,并根据这种行为来评判一个人的勇气。善良能轻易从我们对待他人的方式中辨认出来。善良的人会和善、体贴地对待熟人和陌生人,并尊重他人的尊严。就连节制,尤其是对应的贪食恶习，也体现在食欲控制上。节制者的饮食和性爱皆有纪律性，不会过多，也不会过少。于是，这些德性都容易观察，也是公共的；它们是道德或社会的德性。因此，通过对应的行为来认识它们似乎是相当容易的——至少乍看起来容易。

相比之下，我们容易将智慧理解成一种偏向私人的事。尽管智慧当然会在言行中有所流露，但我们通常认为它主要属于人的内心世界，不管是否形之于外，智慧都在发挥着作用，都具有价值。按照这种看法，智慧是一种思想品质，而非伦理德性。在陈腐的夸张描述中，智者独坐山巅，只有自己的思想做伴，不受社交俗务的打扰，除非有疲惫的朝圣者前来问道，这体现了一种智慧的流俗形象。按照这种看法，智慧会被定义为一种思考方式，而不像勇敢或仁慈那样是一种特定的行为倾向。我们可能会预期智者具有某些行为模式——如果听到一个人说这种话，或者做这种事，我们会大吃一惊——但智慧不是用这些行为来表现的。我们之所以觉得难以说出到底什么是智慧的行为，或者智慧为什么会让人产生某种言行，原因或许就在于此。智慧是看不见的——至少看上去是这样。

然而，各类作者——包括哲学、宗教、文学方面的——一直都明白这是对智慧的误解，任何思考过这个问题的人都会表示赞同。藏在内心深处，从不指引生活的"智慧"名不副实。与受到坏思考影响的人不同，智慧的人在思想**和**行动中都是有理性的。

我们现在应该清楚路在何方了吧。如果哲学能拯救我们——就像前面讲过的那样，如果哲学能让我们远离坏思考，远离这些不良思维习惯必将带来的行为，引领我们过上更好的生活——那是因为哲学通过教给我们认识论与道德的道理，从而传扬智慧；如果没有智慧——真正的智慧，也就是养成一套合理进行思考与行动的技艺——我们就不能过好生活。

思想与实践中的智慧

智者是在自己的观点中践行好思考的人。智者知道如何理性地形成信念，也不会过分执着于遭到证据反驳的信念。智者已经内化了我们考察过的证成与推理之道。这些是智慧的认识层面。但是，如果要真的算得上是智慧的话，那智慧必然也要是生活指引的源泉。因此，智者在自己的行为与事业中也会践行好判断。若是有智慧，校董事会大概就不会因为提及种族歧视用语而惩罚保安，店主大概就不会拒绝向老年人卖酒，赛事主办方大概也不会取消戴头巾少女的比赛资格。

换言之，智慧不只是知识。正如哲学家约翰·凯科斯（John Kekes）所说：有智慧体现在可靠、周全、合理的判断中，用一个词概括就是好判断。具备良好判断的人会将知识运用到行动中。为了理解智慧，我们必须理解智慧与知识、行动和判断的关系。[4]智者会做正确的事，因为他懂得这样做是对的，因此也渴望做这件事（至少是部分做到）。他从不或很少会让即时满足、激情或其他诱惑压倒正确的现实考量。因此，我们**能够**根据行为来判断一个人的智慧，就像判断勇敢或节制一样。如果我们发现一个人过着堕落、放荡或刻板的生活，那要说他智慧的话，我们肯定会犹豫。

这种智慧观在认识与实践层面是卓越的，是进行好思考和过上一种特定的好生活的指南，它的根基是对自身的确切认识。这种观念源于古代哲学家，尤其是苏格拉底。然而，这种高度个人化的苏格拉底式智慧观是经过了许多代人的时间才从更早期、更简单（更不用说更暴力，也更具有英雄色彩）的荷马式观念中发展出来的。此事说来话长，但值得回顾。

智慧画像

在讲述公元前5世纪上半叶的希波战争时，古代史学家希罗多德（Herodotus）介绍了波斯王大流士的侍从奥耶巴列斯（Oebares）的故事。冈比西斯国王死后没有留下继承人，合法、不合法的都没有，于是波斯王位空悬。这就给了波斯人一个讨论什么政治制度最好的机会。他们应该拥立新王，还是应该选择一种新的政府形式，比如民主政权或寡头政权呢？

一批贵族负责方针制定，其中就有大流士。大流士主张实行君主制："一人执政是至善之举，只要此人是至善之人。他的判断与他的品性相配；他对人民的治理无可指责；与其他政府形式相比，他也更容易秘密处置敌人与叛徒。"[5] 其他成员表示同意。

但是，现在问题又变成了应该将王位授予精英群体中的哪一个人。他们需要一个公平无偏的流程，于是决定由大自然来选择国王。他们打算在次日黎明到市郊骑上马，太阳刚刚升上地平线时，谁的马首先发出嘶鸣，谁就戴上王冠。但是，大流士太想成为国王了，不愿意撞大运。

希罗多德告诉我们，"大流士有一名聪明的马夫，名叫奥耶巴列斯"。大流士来找奥耶巴列斯，把贵族们同意的选王方法告诉了他，让他想一个能确保大流士取胜的方法。马夫答道："主人，如果你们用这个方法来决定一个人是否会成为国王，那你就尽管放心吧。……我有一绝招，保证万无一失。"奥耶巴列斯来到马厩，找到一匹母马，他知道大流士的坐骑特别喜欢它。他把母马带到城外拴好，然后牵着大流士的坐骑绕着母马走了几圈，最后放它骑在了母马身上。次日清晨，贵族们骑马一字排开，等待日出。这时，奥耶巴列斯先到马厩里，用手揉了揉母马的生殖器，然后一直把手插在口袋里，直到太阳即将升起。等到日出时，他赶紧把手搁到大流士坐骑的鼻子下面。马儿闻到配偶的气味，喷息嘶鸣，大流士遂赢得了王位。

在一个译本中，希罗多德说奥耶巴列斯"聪明"，希腊语原文是 sophos，意思就是"智慧"，但未必是普适和普遍的智慧。你不会向奥耶巴列斯请教生活之道。事实上，古希腊文献中最早出现的 sophos 和 sophia 意义相当局限。sophos 这个词确实是指专长和本领，一个 sophos 的人也确实是靠得住的人（就像大流士依靠奥耶巴列斯一样）。但他的专长是狭隘的，他也只在某个特定领域靠得住。按照这种早期用法，sophos 只不过是掌握某一项技艺或本领（显然也包括骗人的诡计）。

技艺——古希腊人称为"techné"——是一切受知识和认识指导的创造性或生产性活动。掌握一门技艺不仅仅是具备知识，还要能够将知识运用到生产中或行动中。

荷马所处的青铜时代充满了具备这种智慧的男男女女。《伊利亚特》中的希腊人英雄阿喀琉斯是兵法中的智者。特洛伊战士斯卡曼德罗斯"拥有打猎的智慧"，他受过狩猎女神阿尔忒弥斯的教导，擅长用弓箭"射杀山林中生长的一切野兽"[6]。佩涅罗珀是奥德修斯的妻子，《奥德赛》中的她等待丈夫从战场和漂流中归来，一等就是二十年。有许多凶狠之人逼她嫁给自己，她都抵挡了，其间必然运用了智力、谋略和技巧。

我们不愿意承认这种单纯的技艺以至聪明是真正的智慧，这大概是因为我们继承了一种大不相同的智慧，这种智慧给出了更高的承诺。亚里士多德的一段话很好地体现了这一点："智慧这个词，我们在技艺上用于述说那些技艺最完善的大师，例如雕刻家菲迪阿斯和雕塑家波利克里托斯。在这种用法上，智慧仅仅是指技艺上的德性。但是，我们也认为某些人总体上有智慧，而不是在某个方面。"[7] 今天，大多数人本能地会在这一点上赞同亚里士多德。当我们想到智慧时，一般会认为它是一种远比技艺广阔的德性。我们可能会坚持说，智者拥有一种更全面的能力。他不仅擅长某一门技艺，而且他的才能也不属于精明或者狡黠。相反，他的德性在普遍意义上值得信赖。他的领悟力和才艺不仅限于箭术、医术、机械或马匹的性生活，而且涵盖生活的总体。他不仅有统率军队以至执掌政府的资格，更有指导人生的资格。我们相信，智者掌握了好生活的法则，当我们想要或者需要知道要做什么的时候，就会去找智者。

亚里士多德认为，自己不仅是为同时代的人发声，更是为历史立言。他还提到了另一种智慧观。这种观念早在他的时代（公元前4世纪）之前就盛行了，而且与前一种智慧观一样，可以追溯到《荷马史诗》笔下那个属于伟大国王与战士的古风时代。这种智慧是一种对人世和自然界的认识，它来源于人一生的经验。活得越久，智者见识和学到的东西就越多，例如，荷马描绘了"长者涅斯托尔"：

> 他已经见过两代凡人故世凋零——
> 他们曾经在神圣的皮洛斯出生和成长，
> 他是第三代人中的国王。[8]

第五章 智慧

涅斯托尔是特洛伊城下最年长的希腊战士，他在战斗中依然高傲，令人敬佩。但是，他对战事做出的真正贡献，是他为战友们提供了许多智慧。在漫长的人生中，他积累了大量的知识。这些知识主要不是具体事实，而是人生教训。涅斯托尔通过大量的经验知道了如何处事以至成功。他明智而切合实际的建言代表着一种历经岁月磨砺的常识智慧。涅斯托尔对强大的阿喀琉斯说，他应该更尊重阿伽门农。尽管阿伽门农强占了阿喀琉斯的姬妾，但仍然是伟大的国王和希腊入侵行动的统帅。涅斯托尔，"这位老者……他之前的建言已经奏效"，又告诉阿伽门农要如何集结部队。因为有漫长人生的经验，所以涅斯托尔对战争和其他事务有许多了解——荷马有一处称他为"睿智的老将"，但他尤其了解的是人心。

涅斯托尔或许很了不起，但这种智慧的最典型例子或许要属梭伦（Solon）——事实上，他已经成了智慧的代名词。梭伦是公元前7世纪末6世纪初的一名雅典诗人和政治家。在担任雅典政治领袖期间，他起草了一部城邦法典，希望借此结束将这个伟大民主国撕裂的派系纷争。他游历甚广，在旅途中通晓了许多有关人性和世道的知识。古人将他列为"七贤"之一。[9] 人们不仅在政治事务上寻求他的教导，在道德和无比重要的好生活问题上也会垂询于他。

有一次，梭伦来到了吕底亚王国的都城萨迪斯（Sardis）。吕底亚国王克洛伊索斯（Croesus）听说著名的希腊立法者来了，就把他请来，问了他一些问题。根据希罗多德的说法，克洛伊索斯带梭伦游览了自己的宫殿，展示了自己的财富权势，展示了"所有贵重而华美的东西"。接着他就直奔主题："雅典的客人啊，我们听说过很多关于你的智慧，以及关于你出于求知和考察外部世界而巡游列国的事情。因此，我也很想向你请教，在你见过的所有的人当中，你认为谁是最幸福的？"[10]

梭伦并没有给出克洛伊索斯希望听到的答案。梭伦给他讲了几位活得光荣、死得善终的普通人。克洛伊索斯不仅没有名列前茅，甚至都没有上榜。他对梭伦生气了，逼问道："雅典的客人啊！在你看来我的幸福是如此无足轻重，难道你认为我还不如一个普通人吗？"现在，梭伦点名了国王没能亲自得出的教训："［人的一生］70年的总天数就是26250天，然而，没有哪一天发生的事情是和另一天的事情完全相同的。这样看来，人间万事真是完全无法预料的。至于国王你，克洛伊索斯，我知道你富甲天下，并且统治着诸多民族，然而就你所提的问题而言，只有在我听到你幸福地结束了你的一生的时候，才能够给你答案。毫无疑问，一个人纵然家产万贯，但除非好运眷顾他，他的所有财富一直享用到生命的终点，否则他还不能说是比那些仅能维持日常生活的普通人更幸福的。"梭伦接着说，幸福的生活有许多要素，如"四肢健全，很少生病，远离不幸，容光焕发，儿女优秀"，更不用说要有足够的财富来满足基本需求了。此外，交好运总不会是坏事。"任何人都不可能是十全十美的,"梭伦告诫克洛伊索斯道,"一个人总是拥有某种东西,却又缺少另一种东西。拥有最多优点的人,把它们保持到生命的最后一天,然后又安乐地死去,国王啊,在我看来,只有这样的人,才能给他的名字前加上'幸福'的头衔。"如果说梭伦从一生的经验中学到了什么的话,那就是:直到一个人死的那一天,都不要评判他是否度过了幸福的一生。

技艺专长、长期经验自然带来的教益,以至(根据某些古代记载)超自然的神启——对苏格拉底之前的人来说,sophia 可以指上述含义中的任何一项或者全部。sophia 总是一种知识,但是说这种知识是对于某种生产性技艺规范的理解是一回事,说它是经历漫长丰富人生后对世界和人性的感悟是一回事,而说它是解读神谕,通晓神灵心意的能力,那又是另一回事了。

但"爱智者"哲学家呢?要怎么把他放们到这个框架里?不管哲学是什么,它追求的目标肯定都不是单纯的专业技艺、睿智的建议或神灵的启迪。

爱智者

与之后的苏格拉底和柏拉图一样,古希腊早期哲学家对荷马、赫西俄德(Hesiod)、品达(Pindar)等诗人不屑一顾。哲学家并非不喜欢史诗、牧歌和抒情诗带来的愉悦。然而,凭借

思考，好与坏
WHEN BAD THINKING HAPPENS TO GOOD PEOPLE

自己诗歌技艺方面的天赋和广泛的主题——战争、自然、政治、两性关系、诸神——古代诗人将自己打扮成了无所不通的教师。喜剧大师阿里斯托芬（Aristophanes）的作品《蛙》中有一位角色说道："从远古时起，伟大的诗人就一直是有益的教师。"（剧中拯救了雅典城的是一位悲剧诗人。于是，问题就只剩下一个了，是埃斯库罗斯，还是欧里庇德斯？）

公元前6世纪的思想家色诺芬（Xenophanes）承认："从一开始起，人人都向荷马学习。"但他坚持认为，人们从这位大诗人身上学到的只不过是假消息和谎言。他宣称，诗人——史诗和戏剧作家都算在内——"对诸神的描写有误"，他们笔下的诸神做着"在凡人中间应当受到谴责和蒙羞的勾当：偷窃、通奸、相互欺骗"[11]。色诺芬抱怨道，这是毫无价值的以人拟神。

以宣称万物皆流，无物常驻，因此"没有人能够踏进同一条河流，因为河不再是同一条河，人也不再是同一个人"闻名的哲学家赫拉克利特（Heraclitus）也有类似的看法。他批评诗人犯了最基本的错误，比如不知道日夜的本质。他主张，诗人或许学到了许多事情，却没有真知灼见。[12]

这些早期哲学家与一种完全不同的智慧观密切相连，这种观念之后一直主宰着大众和诗人的想象力。哲学家的智慧尽管可能涉及对诸神的认识以及对虔敬的要求，却并不是技艺或漫长人生的丰富经验。对色诺芬、赫拉克利特、泰勒斯（Thales）、阿纳克萨戈拉（Anaxagoras）、阿纳克西曼德（Anaximander）等人来说，智慧是对世界的科学认知，要通过有的放矢的探究以及对事物本质的认真反思来获得。

于是，沉迷于研究，以至于据说因为凝视天空而落入水井的泰勒斯说，水是万物的本原。万物都是水的某种形式。阿纳克西美尼（Anaximenes）说不对，水不是自然的终极构成元素，气才是。不管是固体、液体还是气体，万物都是由气构成的。赫拉克利特赞同单一本原论，但认为本原既不是水，也不是气，而是火。世间千差万别的事物都是火的体现，都是这种最基本物质的浓缩或稀薄形式。最后，恩培多克勒（Empedocles）集众家之说，宣称自然其实有四大元素——土、气、火、水——爱与斗争这两种力量使四大元素结合或分离，万物由此或生或灭。

尽管看法多种多样，但泰勒斯、阿纳克西美尼、赫拉克利特与恩培多克勒都有一个共同点。在《柏拉图对话集》中《斐多》一篇中，苏格拉底向同伴克贝（Cebes）回忆自己年轻时特别热衷于一种探究，其间就谈到了这个共同点。"克贝，年轻的时候，我对那门被称作自然科学的学问有着极大的热情。我想，要是能知道每一事物产生、灭亡或持续的原因那就好了。我不断地反复思考，对这样一类问题困惑不解。如有人说，当热与冷引起发酵时，生灵就滋生出来，是吗？我们借以思想的是我们体内的血、气、火吗？……我又去考察天上和地下的现象，最后我得出结论，觉得自己根本不适合作这种类型的研究。"[13] 在转向他真正的哲学使命，也就是追求人的善好之前，年轻的苏格拉底显然也经历过一个想要了解万物原理的时期。与泰勒斯和其他人一样，他想要理解自然。但是，早期哲学家追寻的并不只是事实的集合，他们不仅想知道火无处不在，是热的，会燃烧，或者水会让铁生锈，会在某个温度结冰，或者天上的星辰自东向西运动，等等。单纯记录自然现象，不管记录得再完整，都算不上"理解"。我们还需要另外的东西，古希腊人称之为"logos"（逻各斯）。

logos一词的意思是"词语""语言"或"发言"，但也有"故事"或"叙事"的意思。有时，人们会为了阐明某件事发生的**原因**而讲一个故事，于是logos也可以指"解释""理由"或"起因"。如果你问火为什么会燃烧，水为什么会结冰，我们可能会通过探究关于热量、分子、热动力学问题来解释，这就是现象的logos的基本要素。

爱智者——这里的智慧是一种新的智慧，与苏格拉底心中的智慧更近了一步——米利都的泰勒斯、欧律斯特拉图斯之子阿纳克西美尼、厄费斯修斯之子布勒松的儿子赫拉克利特都在追寻逻各斯。他们都想发现说明万物、解释万物的原因。按照他们的看法，哲学的任务就是得出一个相对简单、系统、全面的故事，能够将纷繁复杂的自然现象化约为最简单的元素。通过诉诸几条不可化约的原理——水、气、火或四元素，再加上吸引或排斥等几种动力——哲学家的探究应该就能解释万物。

甚至今天也有许多哲学家会赞同这种对哲学家职责的看法。用威尔弗里德·塞拉斯（Wilfrid Sellars，1912—1989）的话说："抽象地说，哲学的目的是理解最宽泛意义上的事物是如何在最宽泛的意义上结合起来的。"[14]

一篇有价值的解释要从事物可见的、表层的多样性与差异性出发，得出事物隐藏的统一性。它揭示了自然秩序的源头，从而对自然有了深刻的理解。有了这种解释的人就会知道自然的本原——构成万物的基本元素——及其遵循的法则。他会知道世上有什么种类的材料，不同的事物何以都是这些基本材料的表现形式，以及事物为什么会是现在这样。赫拉克利特在其作品的开头就宣称："万物发生皆有逻各斯。……[在这里]我要按照构成元素来区分每一个物，并说明每一个物都是怎样的。"[15]

简言之，逻各斯要做的事正是我们眼中科学理论在做的事：用尽可能少的东西来完整地解释万物。现在，我们是用少量亚原子成分（粒子、"弦"）和少数几种力（引力、电磁相互作用力、强相互作用力、弱相互作用力）来解释；而公元前500年的人们（至少是恩培多克勒）会用四元素和爱与斗争这两种力来解释。

人们常说，西方哲学起源于人们对世界的惊奇。确实这样，但除了诉诸对万物是什么、万物何以如此、万物为何如此的神秘诗性解释以外，比如原始创世传说，或者不可捉摸、无法预测的神灵行为，最早的哲学家还诉诸现实中司空见惯的东西（水、气、爱）的因果行为定律。[16] 此外，哲学大体上是通过观察、提出理论和推理，而非宣扬教条或诉诸权威（宙斯、荷马）来证明其主张的。此外，用色诺芬的话说，真正的逻各斯是对于"万物"的全面统一的理论。[17]

古代哲学体系中可能仍然会有神灵在世界中发挥着积极的作用。也许只有神灵才真正知道万物是如何结合起来的。苏格拉底之前的哲学家并没有完全抛弃诗人作品的神话或宗教色彩。赫拉克利特相信存在一种统治宇宙的智慧或神灵，他称之为"宙斯"。然而，即便有统辖万物的终极高等存在，至少在原则上讲，直接引导着事物与力量的本质也是可以捉摸的。理解万物的本质，支配宇宙的目的论原理就是智慧。智者懂得自然界与神灵界。"智慧就是，"赫拉克利特说，"理解那通过万物掌控万物的神灵。"[18]

苏格拉底赞同米利都学派和爱奥尼亚学派的先辈，也认为智慧和哲学与逻各斯有关。但他认为他们努力的方向错了。色诺芬与柏拉图一样私下认识苏格拉底，按照他的说法，他和柏拉图的导师"并不像其他大多数哲学家那样，辩论事物的本性，推想智者们所称的宇宙是怎样产生的，天上所有的物体是通过什么必然规律而形成的。相反，他总是力图证明那些宁愿考虑这类题目的人是愚妄的"[19]。对一个哲学家来说，这或许似乎是一个奇怪的立场。然而，据说苏格拉底坚持认为，这些探究其实并不属于智慧:"是不是因为他们以为自己对于人类事务已经知道得足够了,因而就进一步研究这一类问题,还是因为尽管他们完全忽略了人类事务而研究天上的事情,他们还认为自己做得很合适?"[20] 这种在苏格拉底看来是哲学的恰当主题的"人类事务"是什么呢?是关于如何让人成为好人的知识。智慧为人提供了对于自身以及正确生活道路的知识。用诺齐克的话说:"智慧就是你为了过上好生活,应对关键问题,避免人类所处的危险困境所需要理解的东西。"智慧的宗旨是"指导生活"。[21]

对苏格拉底来说,逻各斯依然是智慧的核心。然而,智者珍视的那种解释、理由或探究不能到自然的运行中去寻找。真正需要逻各斯的是我们自己的人生。

第六章 哲学生活 THE PHILOSOPHICAL LIFE

本书前面的内容以分析和诊断为主。我们解释了坏思考是什么，考察了坏思考是如何发生的，为什么会发生。我们还说明了坏思考不仅是思想问题，也是行动问题。推理不当会影响我们的行为，从而造成具有道德意义的后果。

除了单纯的发现问题——不仅是抽象的、"仅仅属于哲学"的问题，而且是一个非常现实具体的问题，它让太多美国人（以及其他地方的人）产生了荒谬的信念，支持危险的政策——我们还开出了药方。坏思考是有办法避免的。推理和判断是存在"最佳实践"的，而且其中有许多可以通过哲学，通过学习哲学史、哲学问题和哲学方法来方便地习得。

最后，我们从医学隐喻转向法律隐喻，做出了一些呼吁。本书是对一种生活的概述或辩护。尽管最早描绘和提倡这种生活的是古人，但它在今天仍然是一种非常值得过的生活。事实上，我认为，这是**唯一**值得过的生活。

在最后，要想概括我们之前提出的认识论和伦理观点，最好的办法莫过于转向苏格拉底本人的智慧观和他的那句名言："不经考察的生活不值得过。""考察的生活"到底是什么意思？怎样才能过上这样的生活？为什么这是唯一值得过的生活？"智慧"和"好思考"等德性或习惯在经过考察的生活中扮演着什么角色？[1]

知道你在做什么

在《柏拉图对话集》中的《欧悌甫戎篇》（Euthyphro）一篇中，苏格拉底即将出席那场将判决他有罪并处以死刑的审判。一些雅典公民领袖对他提出的官方指控是"不承认城邦诸神、引入新神和违反法律，因为他腐蚀了城中青年人的思想"。然而，苏格拉底知道——我们也知道——他被控告的真实原因是，他多年来一直在追问雅典人，让他们为自己的生活感到困扰，由此引起了憎恨与怀疑。苏格拉底的一部分坏名声来自他口中的"旧控告者"，比如阿里斯托芬，他们在《云》（创作于公元前423年）一类的剧作中丑化苏格拉底，加强了人们对他的敌意。

在对话录开篇，苏格拉底正准备当着控告者的面回应指控。在去法院参加预审的路上，他碰上了同样忙着处理一件大案的朋友欧悌甫戎。

欧悌甫戎的父亲发现家里的一名帮工杀了另一个人,于是就捆起凶手的"手脚",把他扔进一条沟里,等待祭司的行动指示。最后,帮工冻饿而死,而欧悌甫戎现在要控告父亲谋杀。苏格拉底被这个消息吓坏了,问这个小伙子,他怎么胆子这么大,竟然控告亲生父亲犯了重罪。自称"对所有这种事都知道得分明"的欧悌甫戎答道:"我说虔诚就是做我现在所做的这件事,告发那些犯罪的人……不管他是你父亲、母亲,还是别的什么人,不告就是不虔诚。"[2]这自然让苏格拉底想知道,欧悌甫戎说的"虔诚"是什么意思,接下来就是平常的追问了。

与许多柏拉图的作品一样,这篇对话的结尾看上去令人失望。尽管苏格拉底与欧悌甫戎的对话主题表面上是虔诚的本质,但并未得出相关的结论。欧悌甫戎确实多次尝试解释虔诚的本质,但苏格拉底都用有力的归谬法一一化解。归谬法是一种经典的论证手法,你要表明(在不证自明、无可辩驳的前提的帮助下)对手的论题会得出荒谬或自相矛盾的结论,因此必须拒绝。于是,如果真像欧悌甫戎开头说的那样,一件事之所以虔诚,是因为神喜爱这件事,而我们又通过《荷马史诗》和其他关于奥林匹斯诸神的传说得知,诸神常常在喜爱什么、痛恨什么的问题上意见不一(甚至为此争斗),那么同一件事就可能既被一些神喜爱,又被另一些神痛恨。由此可得,按照欧悌甫戎对"虔诚"的定义,同一件事就会既虔诚,又不虔诚,这是荒谬的。因此，欧悌甫戎最初对虔诚的假设必然是错误的。

苏格拉底从未解释他自己认为虔诚到底是什么。当欧悌甫戎第三次尝试完善自己的定义，结果还是失败时，苏格拉底提议再努力一把。但欧悌甫戎已经受够了。他推说自己还有更紧迫的事情要料理，向苏格拉底告辞。

苏格拉底：那我们就应该从头来研究虔诚的是什么。因为在弄清楚之前我是不肯罢休的。……那就把它告诉我吧，高明的欧悌甫戎啊，不要对我隐瞒自己的思想了。

欧悌甫戎：等下次吧，苏格拉底。现在我有急事，我该走了。[3]

两人在给虔诚下定义，解释这种德性的本质方面毫无进展，这表明尽管虔诚对古希腊人来说是一个重大的议题，但它或许并不是这篇对话的宗旨。

欧悌甫戎傲慢而固执，完全代表了年轻人的麻木。他其实并不知道，却自以为知道。他自信乃至趾高气扬地认为，他做的事是正当的——他确信自己**知道**控告父亲是虔诚的——尽管后来发现，他对虔诚的观念是有问题的。他从来没想过自己关于虔诚的信念可能是错误的、混乱的，或者没有依据的，在对话的结尾，他似乎不那么确信自己相信的**内容**了。他那一团糟糊的思想或许确实让他得出了关于虔诚的正当信念。但即便他的信念**是**真的，但因为他不能连贯地解释它，更不要说为它辩护了，所以这个信念是未证成的，所以他其实并不**知道**虔诚真正的本质。

不过，我们还是可以合情合理地问一句："那又如何？"在严格的哲学意义上，欧悌甫戎并不"知道"什么是虔诚。但是，也许控告父亲谋杀确实是正当的做法。再说了，即便不正当，他的意图也是好的，我们还能要求什么呢？真正的问题是欧悌甫戎的做法正不正当，或者至少他是否有做正当之事的意图，如果他做法正当，或者有做正当之事的意图，这时还来批判他在认识层面的傲慢，看上去就有些迂腐了。他最起码以为自己在满足虔诚的要求，甚至或许真的在满足虔诚的要求，这难道不就已经足够了吗？如果他的意图是好的——此外，如果他的行动恰好是正当的——那我们为什么要关心欧悌甫戎的信念在哲学和技术层面是否算得上是"知识"，而不是苏格拉底在其他地方所说的"正确的观点"呢？

事实上，这篇对话的主题根本不是虔诚的本质，但也不是对欧悌甫戎无知的认识论探究，或者更宽泛意义上知识的条件。这从苏格拉底在对话开头说的一句话就能明显看出来，而且为了强调这一点，他在结尾又说了一遍。在了解了欧悌甫戎为什么要做控告父亲这样大逆不道的事情后，在鼓动欧悌甫戎为自身行为的虔诚性辩护之前，苏格拉底说了一句看似随意，其实代表着全篇核心哲学论点的话:"欧悌甫戎啊,宙斯在上,你是不是以为自己对神意知道得明明白白,对虔诚不虔诚分辨得一清二楚,不怕在告父亲的时候自己做出什么不虔诚的事情来呢?"[4]

苏格拉底在向欧悌甫戎发出警告:"我希望你**知道**自己在做什么!"此处的"知道"应当按照这个词最严格的意义去理解。为防止读者看不出这句话的言外之意,苏格拉底在对话的末尾,在满心挫败的欧悌甫戎逃走之前又用更长的篇幅重申了一遍。

> 那我们就应该从头来研究虔诚的是什么。因为在弄清楚之前我是不肯罢休的。请不要把我不放在眼里,用各种方法尽心为我说出真理吧;因为你是知道真理的,要是你像柏若斗[5]那样憋住不肯吐露,我不会让你脱身,一定追问到你开口。**你如果不是深知虔诚和不虔诚,当然不会为一个帮工控告自己的亲生父亲杀人。你这是怕自己做错了会冒犯神灵,以致不齿于人。我完全明白你是自命精通虔诚和不虔诚的本质的**,那就把它告诉我吧,高明的欧悌甫戎啊,不要对我隐瞒自己的思想了。[6]

苏格拉底再次告诫他的朋友:我希望你**知道**自己在做什么——我希望在你控告亲生父亲时不是仅凭借直觉、猜测、偶然的意见、灵感以至一种关于虔诚的坚定信念,尽管这些可能是真的，但你并不能用良好的理由为其辩护。他想要欧悌甫戎看到，以低于知识——真正的知识——的依据来行动确实是一件严肃的事情。

换句话说，《柏拉图对话集》中的苏格拉底主要表达了一个道德观点。认识性顽固与傲慢的坏思考，坚持自己不能辩护或证成的信念，这是一回事，而依赖这些有缺陷的信念来指导自己的行动选择，这就是另一回事了，而且会造成严重的现实和道德后果。我们不仅需要**相信**自己在做正确的事，也需要**知道**自己在做正当的事。在这里，苏格拉底简明扼要地讲述了本书迄今为止想要指出的全部教训，从我们对笛卡尔和克利福德的证据主义的讨论，到培根对肯定偏误的警告，再到亚里士多德和斯宾诺莎对裁量与判断应该发挥的行为指导作用的分析。

苏格拉底的告诫为恰当的道德行为设定了非常高的标准，我们可以用论证的形式来呈现：

1. 为了行事虔诚——也就是按照虔诚的方式做事——你必须知道自己正在做的事是虔诚的。（换句话说，不存在"偶然"的虔诚；你必须知道自己在做虔诚的事。）

2. 为了知道自己正在做的事是虔诚的，你必须知道什么是虔诚。（否则，你怎么知道什么做法才是虔诚的呢？）[7]

3. 因此，为了行事虔诚，你必须知道什么是虔诚。

如果说谈论"虔诚"这样一个明显具有宗教色彩的概念显得奇怪或者过时的话，我们可以把论证改写一下，把"虔诚"换成道德概念"正当"：为了行事正当，你必须知道你的行为是正当的；而为了知道你的行为是正当的，你必须知道什么是正当，正当的事为什么正当。欧悌甫戎显然欠缺对虔诚（正当）的知识，因此即便他控告父亲这件事碰巧是虔诚（正当）的——苏格拉底从未真正质疑过这一点——他也并没有按照虔诚（正当）的方式**行动**。他采取的行动路线未必是错的，但他确实不知道自己在做什么。

我们在前几章中已经看到，坏思考的范围很大。它不仅限于思想本身，还包括一个人是否出于正当的理由，以正当的方式做正当的事。欧悌甫戎以为自己知道，但其实不知道，这是一种不幸的认识状况。但是，除了不知道虔诚本质的一阶无知以外，他还有二阶的无知，那就是没有意识到自己并不知道——他缺少对自身知识（无知）的认识——更不用说他最后还拒绝弥补自己有缺陷的认识状态了，这一切也会影响他的行为。毕竟，欧悌甫戎终究还是确信自己在做正当的事。他在做的事也许**是**正当的，但就算他做了正当的事，也是无意中做的。他就像一个手指恰好敲击了正确的钢琴键，结果弹出了贝多芬《欢乐颂》的小孩子。甚至在行为恰好正当的时候，坏思考也会带来坏行为。

苏格拉底的这堂课很简单:三思而后行,而且要认真思考,妥善思考。要确保你理解了自身行为的理由,也要确保你对自己在做正当的事的信心是真正正当的。这当然是切合实际的好建议。事实上,这似乎正是常识要求的内容。不过,这还不是故事的全部。在雅典人逼迫 71 岁的哲学家饮下毒芹汁之前,苏格拉底还有更多关于如何进行好思考,为什么要进行好思考的教益。

为生活辩护

柏拉图的另一部对话录《苏格拉底的申辩》(*Apology of Socrates*)[8]中描绘了苏格拉底受审的场景。他站在雅典同胞面前,为自己的哲学家生活辩护。冒着进一步激怒 500 名陪审员,让自身处境雪上加霜的风险,他谴责他们追求财富、荣耀一类的东西,而不追求"更重要的善",无视真正的至善。他批判他们过的一种生活。"你是雅典的公民,这里是最伟大的城邦,最以智慧和力量闻名,如果你只关心获取钱财,只斤斤计较于名声和荣誉,既不关心,也不去思考智慧、真理和自己的灵魂,你不会感到羞愧吗?"[9]接下来就是著名的段落。有人提议苏格拉底同意用流亡代替死刑,他答道:

也许有人会说:"苏格拉底啊,你就不能离开我们过几天安静日子吗?"我很不容易使你相信我的话,这是最难办到的事了。如果我说那样做就是不服从神灵,因此我不能保持沉默,你们会以为我在说讥讽话,不肯相信……人所能做的最大的好事,就是天天谈美德以及其他你们听见我谈的东西,对自己和别人进行考查①,**不经考查的生活是不值得过的。**[10]

柏拉图笔下苏格拉底说的希腊语原文是 anexetastos bios,通常翻译为"不经考察的生活",但更好的表述方法是"不做考察的生活"。后一种说法体现了一个事实:这样的生活缺少了一种特定**活动**。

苏格拉底"不做考察的生活"看上去或许是一个很容易笼统描述的观念。过这种生活的人从不严肃地追问事情,尤其是不会追问自己的行动与计划。他可能确实会问自己的做法,或者朋友、社区、政府的做法是否可取,是否受欢迎,甚至是否令人愉快。但是,他不会,或者说很少会问这些行为是否确实是**好的**。

不经考察的生活是一种在道德和智识上消极的生活——对苏格拉底来说,道德与智识就是一回事。过这种生活的人在世

---

① 为了尊重原译文,这两处"考查"没有统一成"考察"。——编者注

界中随波逐流，包括自己在世界中的位置。他满足于只是做自己一直在做的事，因为这些事一直是这样做的，而且同样重要的是，因为他喜欢做这些事，看不到改变的理由。他接受现状，从来不对现状进行任何规范性的审视。他的人生是顺从的人生，是快乐（以及一些痛苦）的简单循环，没有批判的追问，没有严肃的反思。他不会考虑事情没有实现的可能性，事情如何能够变得更好或仅仅有所变化。用一个粗糙但合理的形象来涵盖未经考察的生活，就是坐在电视机前，一边看垃圾节目，一边吃垃圾食品的人生。

这或许很好地体现了苏格拉底对"不做考察"的人生的看法。然而，这种描述本身似乎是相当肤浅的，正如它描述的生活一样。苏格拉底告诉我们的肯定要比单纯"提出疑问"、不要被动更深刻。如果这就是他的全部思想，这条建议就太陈腐乏味了，就像三思而后行的建议一样——话是好话，但算不上深刻的哲学洞见。

此外，这种对不经考察的生活的宽泛描述似乎有许多明显的例外。我们没有理由认为不经考察的生活一定是枯燥、消极和顺从的。不经考察的生活当然可以是不同凡响的生活，是建功立业的生活。比如，阿喀琉斯就是一个情感浓烈、行为大胆的人。他不是凡人，他也知道自己不是凡人。他是围攻特洛伊的希腊军队的大英雄。他觉得自己远远超出同侪，不受与其他所有人相同的规矩的约束。问题在于，指导他的行为的不是理性反思，而是激情冲动。他对阿伽门农强抢姬妾的暴躁反应（当然，有人可能会觉得情有可原），心里有怨气就不出战，甚至重新参战的决定（但是，他是在亲密伙伴帕特洛克罗斯被特洛伊勇士赫克托尔杀死后才决定回来）都说明了他行为冲动、情绪化，而且不经考察。不经考察的生活可以是安静顺从的，但也可以是高傲的英雄主义和惨痛的悲剧。

接下来的问题是，苏格拉底说不做考察的生活"不值得过"是什么意思。他的意思肯定不是说，生活不经考察的人应该一了百了，也不可能是为了自身进步，社会有权力消灭这些人。毫无疑问，苏格拉底希望看到更多雅典人过上经过考察的生活，但这不能通过暴力或放逐来实现。苏格拉底是哲学家，不是社会工程师，他要完善人民，而非惩罚人民。

当苏格拉底对陪审团说，不经考察的生活"不值得过"时，他的意思是忽略了有意义的考察的人生并不完整。就算他运用了人类独有的天赋，这个人也没有将其运用到应有的程度。如果人类与其他生物的区别就在于理性能力，那么在不做考察的人生里就有一种独特的、本质性的人类特质没有得到尽可能的发挥，就好比一匹精心饲养的赛马整天待在马厩里。不经考察的生活之所以不值得过，是因为它与理性存在的理想生活相去甚远，而我们正是理性存在。

但话说回来，这些感想看上去似乎是显而易见的。用笼统的语言表述不经考察的生活有怎样的不足，为什么这种生活会导致不完善的存在状态,这是比较容易的。难的是从正面详细说明经过考察的生活——哲学生活——有什么要求,并解释人为什么只有通过充分运用自己的理性能力才能达到这些要求。什么**是**考察?我们要如何运用考察?我们为什么应该认为这种生活比其他所有生活都更好,更**值得**我们过?

正如欧悌甫戎的例子所示,经过考察的生活的最基本要求是涉及行动的。它关注于我们做的事,我们实施的计划。但是,这里要求的并不是特定种类的行动。经过考察的生活并不要求(或禁止)你做任何事,当然,考察除外,这是一个重要的点。经过考察的生活没有自己的一套规范伦理。它并不蕴含任何实质性的道德原则——就连黄金法则也没有——也不会提出任何具体的规定和禁忌,不会命令人做这件事或者那件事。要过经过考察的生活这条律令不包含任何关于好坏对错的固有指令。仅仅进行必要的考察本身并不是要遵循中道、避免过度考察,并非是告诫你只应该按照能够成为普遍律令的法则行动,也不是命令你增进整体的福祉。它甚至不是告诉你什么是虔诚。换句话说,经过考察的生活在具体道德教导方面是中立的。这些教导与生活的**内容**有关,而考察关切的是生活的**形式**。

经过考察的生活的最基本要求根本不是采取任何一种行动,这正是苏格拉底想要让欧悌甫戎明白的一点,与前几章讲运用判断力时的讨论也相去不远。经过考察的生活关切的是行动的前提条件。如前所述,道理很简单:在采取某种行动之前要努力思考、妥善思考，以便你**知道**自己在做什么，你对自己在做正当的事的信心是真正正当的。还要记住，"努力思考"需要你理解的恰恰就是前面考察过的经典推理形式。

当苏格拉底强调经过考察的生活的重要性时，他想说的不只是三思而后行，好计划是好行动的关键这种肤浅的格言，这种正确的废话完全没有把握住要求的实质和力量。毕竟，做"正当的事"可能只是审慎理性的一句实用建议：选择你自己的目标，不管它是什么，确保你知道实现目标的最佳手段。大卫·休谟对理性没有多大信心，在他看来，理性负责的领域也相当有限。他在《人性论》(*A Treatise on Human Nature*)中说："理性是而且只应当是激情的奴隶。"[11] 他的意思是，实践理性纯粹是工具性的。它不会告诉你什么是好，你应该追求什么，更别说激励你去追求了，它只会告诉你**如何**实现你想要的目标。

相比之下，经过考察的生活不只是谋定后动，为满足自身欲望而制订有效的行动计划。即使你具备了前几章讨论过的理想理性能力，你的行动还是可能会偏离虔诚或正当的要求。这种能力可能会让你得出实现自身目标的最佳策略，但不会告诉你**最佳**目标是什么。你或许具备了一些过上经过考察的生活所需的工具，但这些工具还不够。当苏格拉底表示希望欧悌甫戎知道自己在干什么时，他是在告诫欧悌甫戎，在做出控告父亲杀人这样的大事之前要向自己提出一个关键的问题：鉴于我对虔诚和正义的了解，再考虑到我即将要做的事情的性质，我是否有好的理由认为这样做是虔诚和正当的？

换句话说，经过考察的生活起始于——而且仅起始于——从道德反思的视角来考察自己的行为。这就是苏格拉底对欧悌甫戎的首要警告，而且他重复说了一遍。苏格拉底的警告要求根据自己对道德价值观的信念来审视自己的行为。这个层面其实并不涉及你的价值观或原则是什么，或者你是如何得出它们的。这种初步的经过考察的生活所需要的，只是在采取任何有意义的行动之前追问其道德性。相对于你的价值观来说，你必须在具体情况下考虑你要采取的行动是否正当，是否服务于好的目的。这个问题非同小可，不能用粗浅的直觉或感受来回答，而必须诉诸你对于什么是对、什么是好的真诚信念，评判这件事的形式。做不到的话就是盲目行动。

你需要思考自己在做什么，尤其是在关键时刻，而且要深刻的反思。正确考察自身行为的人不只是随意设想这样做会不会给自己带来麻烦，或者他人会不会欣赏和表扬（甚至可能还有奖赏）自己的计划。与个人特殊的希望、恐惧和倾向是不相干的。过去的成就和未来的谋划不在考虑范围内。唯有关于正当与善好的一般性原则才应该是决定如何行动的指针。正如苏格拉底受审时对陪审员所说，"也许有人会说：'苏格拉底呀，你不断地追求，招来杀身之祸，不觉得惭愧吗？'我可要给他一个正当的回答，'老兄，你以为一个有点用处的人应该考虑生命的危险。你这话欠妥，他行事的时候该当思考的只有一件事，就是自己做得对不对，自己是好人还是坏人'"[12]。只有这种问题才会帮助一个人以正当的方式做正当的事。

或许有人会认为，欧悌甫戎在决定控告父亲时至少做到了上述事情。毕竟，他主张控告父亲是虔诚的，所以他必定对自身行为的性质做过**一些**道德反思。然而，后面的对话似乎表明并非如此。苏格拉底对他的做法提出了疑问，而他并不能给出真正的答案。关于为什么控告亲生父亲是一件虔诚的事，他的说法似乎是拍脑袋想出来的，所以他到底有没有周全考察过自己的行动计划这一点是可疑的。

换句话说，苏格拉底对欧悌甫戎——以及其他人——的要求是逻各斯。但是，泰勒斯、赫拉克利特和其他古代 physikoi（哲学家-科学家）寻求对周遭世界的解释，解释大自然的元素与原理，苏格拉底的目标则更贴近生活。他想要解释人的行为，这不意味着他感兴趣的是人做事时身体动作的生理机制。他其实也不太关注让人做一件事，而不做其他事的心理力量，比如激情、欲望或意志。在欧悌甫戎控告父亲的案例中知道他是因为父亲任由一个人死去而生气确实是有益且相关的。但是，苏格拉底追求的不是起因，而是**理由**。当他对其他人的行动提出质问时，他追求的是理性的解释。在这个初步阶段，经过考察的生活是要求一个人能够揭示自身行为——其实就是自己的生活——的基本原理。他必须能够阐述自己做事情的理由，这就是苏格拉底被判有罪后反问公民同胞时提出的全部请求。"杀害我的各位啊，我跟你们说，我死以后，惩罚立刻就来到你们身上，其酷烈的程度，宙斯在上，要远远超过你们加在我身上的死刑。你们现在对我做下这件事，是希望免得**交代自己的生平所为**，可是我说你们会发现结果适得其反。……如果你们以为用处死的方法可以阻止人们指摘自己多行不义，那就错了。用这种办法逃避指摘，是根本办不到的，也是很不光彩的。"[13]

交代自己的平生所为——你所做的事情，你的生活方式——就是给生活一个理由。交代平生据说就能证明生活的合理性。在1991年的电影《为生活辩护》(*Defending Your Life*)中，阿尔伯特·布鲁克斯（Albert Brooks）和梅里尔·斯特里普（Meryl Streep）扮演的人物死后发现自己来到了一个中间地带，他们要在这里接受审判，然后再去往永恒的最终目的地。去往的目的地取决于他们如何在判官面前为自己解释。也就是说，他们现在被要求交代自己的平生所为，并说明自己为什么值得上天堂。

在经过考察的生活中，这种评判并不仅仅发生在大限将至的时候，临终时回顾和交代自己是如何度过了一生。相反，你一直都在证成自身。此外，与电影中的人物不同，你主要不是为了别人而是为了自己来做这种申辩。你要诉诸你认为有说服力的价值观和原则，好坏对错的观念。如果别人要你交代自己的做法，你能够轻松地解释为什么这样做在你看来是正当的，从而表明自己**为什么选择这样做**。正如苏格拉底所说："一个有

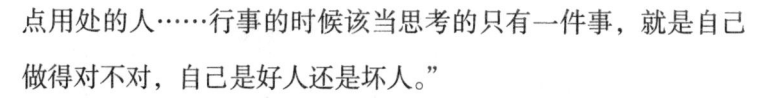

点用处的人……行事的时候该当思考的只有一件事,就是自己做得对不对,自己是好人还是坏人。"

你也许没有立即意识到激励你做事的普遍道德原则;你可能并不完全确信自己对好坏对错的信念是**什么**。你对这些问题的判断力也许尚未发展完全,依赖直觉多于理性,也很难将其表述为命题形式。(不经考察的生活的代价是,你不去寻找自己最根本的信念;你在道德上浑浑噩噩。)然而,既然你是一个理性且负责任的道德主体——你必然是如此,无可回避——你在这一方面**必然就**怀有某些信念。要想确定和表述自己的道德价值观,以及思考应该如何运用道德价值观来评判自己的行为,这可能需要长时间的反思。你可能会发现自己在根本上认同功利主义哲学,主张如果一个行动能够增进所有受其影响之人的总体幸福,那么它就是正当的。或者,你可能接受了康德的原则,认为你永远不能将其他人仅仅视为达成目的之手段,视为工具,而永远应该尊重他人的自主与尊严。或者,你觉得其他某条或某套原则更有说服力。道德生活的一部分挑战就在于,我们难以精准地确定应该以什么标准为基础来做出选择和判断。

关于人应该如何解决价值观和原则的这种深层次的迷茫,苏格拉底有他自己的看法,这就构成了更高的、二阶的经过考察的生活。归根结底,在你懂得对错好坏的正确意义之前,你都无法肯定地说一个人的行为是对是错。这就是说,你不仅必须要根据自己的原则为自己的行为辩护,更要辩护原则本身。

但在我们之前考察的初级阶段中，设定和追求目标的背景是按照伦理标准进行思考和反思的，你要做的仅仅是从实践活动中退后一步，提出一些关于行动的重大问题。除非你最起码做出了这样的初步努力，除非你进行了这种基础层面的考察，认真地扪心自问你正在做的事是对是错，你追求的东西是好是坏，否则你就连通往经过考察的生活的第一步都没有迈出。

知道你知道什么

在埃斯库罗斯的悲剧《阿伽门农》(*Agamemnon*)中，希腊国王围攻特洛伊城十年，终于得胜回朝。他无疑盼望着受到欢迎，却没有察觉迎接自己的会是什么。他狡诈的妻子克吕泰涅斯特拉在金碧辉煌的宫殿大门前撒满了鲜花，他走下战车，进入宫门后不久，便遭到了妻子的袭击。她用袍子将他困住，"就像渔夫撒下庞大的渔网一样"，亲手捅了他三剑。

> 这么着，他就躺在那里，断了气，
> 他喷出一股汹涌的血，
> 一阵血雨的黑点便落到我身上。[14]

克吕泰涅斯特拉这样做是为了缅怀被害的女儿伊菲革涅亚。

多年前，阿伽门农在奥里斯港的祭坛上将女儿献祭，以安抚众神，发兵攻打特洛伊。现在她的母亲要来复仇了。阿伽门农夺走了心爱女儿的无辜生命，他要用自己的性命偿还。

尽管克吕泰涅斯特拉是被强烈感情所驱使的，但她并没有被激情蒙蔽双眼。她不是不能自制（akrasia）的，她清楚地知道自己在做什么，她是有意为之，而且毫无悔意的。十年来，她的哀悼一直在酝酿，她品咂着愤怒，谋划着等国王回来就施加惩罚。她高呼道：

> 这场决战经过我长期思考，
> 终于进行了，
> 这是旧日争吵的结果。[15]

我们不能指责克吕泰涅斯特拉没有三思而后行。她并不是不假思索地做出了这样的暴行。恰恰相反，她认真思考过很长时间。而且，她自称是根据她认为正当的信念来做这件事的。驱动她的不仅有愤怒，还有原则。她心里想的是正义（diké），而且正是根据正义的原则，她才决定杀人者必须偿命。她坚持认为自己是有理的，因此在道德上是正当的。

> 他死于剑下，
> 偿还了他所欠的血债……

> 你们听好了，我凭那位
>
> 曾为我的孩子主持正义的神起誓。[16]

克吕泰涅斯特拉确信自己的行为是正当的。她的正义观是以牙还牙，并据此选择了行为。

这是经过考察的生活吗？算不上。克吕泰涅斯特拉尽管受到了强烈激情的鼓动，但在某种意义上或许对自己的行为进行了反思，这种反思正是基础层次的考察。不过，经过考察的生活不仅仅是确保你的行为表达了你的道德原则。在更根本的层面上，必须接受考察的是道德信念本身。你不能再将指导你选择目标与行动的最重要价值观视为理所当然。这些价值观也必须接受批判性审视。你需要明白自己关于对错好坏的一般性信念是否确实得到了证成，从而知道你是否应该继续持有和运用它们。在这个更高级的经过考察的生活中，检验其他一切的标准现在也要接受检验。

欧悌甫戎更严重的失误正在此处。即便他能够解释为什么他认为控告亲生父亲是虔诚的，但他对虔诚是什么其实并没有站得住脚的观念。假如他真的进行了更高层次的考察，他就能更好地回应苏格拉底的提问与诘难了。但是，鉴于解释虔诚的本质是一项艰难的智识挑战，所以他也不应该为自己做不到而太难过，苏格拉底肯定也会赞同。欧悌甫戎还有许多同道中人，其中一些更是鼎鼎大名。《柏拉图对话集》中充斥着在解释基本道德问题——包括那些对我们的福祉至关重要的价值观，有时还是当事人职业所需的核心品质——时哑口无言的人。卡尔米德（Charmides）是一位英俊潇洒的男青年，他说不出什么是节制或自制；吕西斯（Lysis）在最亲近的朋友身边承认，他不知道友谊的真正本质；拉凯斯（Laches）和尼西亚斯（Nicias）都是战功卓著的将军，却给不出勇敢的恰当定义。就连苏格拉底也承认——可能是真心，也可能不是——他给不出任何一种德性的定义。于是，欧悌甫戎没能为自己的虔诚观成功辩护，这也没什么大不了的。

欧悌甫戎真正的问题，以及他真正**应当**感到惭愧的地方是，他甚至从来不进行那种会让他认识到自己无知的哲学反思，不论是关于虔诚，还是关于其他任何以专家自居的人的重要道德主题。无知是一回事，不求知完全是另一回事了。

自我考察

我们已经看到，当苏格拉底对欧悌甫戎说"我希望你知道自己在做什么"时，苏格拉底是在问他，除了关于虔诚的感觉或直觉以外，还有没有其他东西指引着他的行为选择。苏格拉底想要确保他并非毫无坚定的信念，盲目行事，并且想要确保指引其行动的信念是正当的，或至少是可以为之辩护的。过着经过考察的完满生活的人不仅**认为**自己在做好事,更是**知道**自己在做好事。他之所以知道,是因为他的行为选择受到了对于**善**好**理解**的指引。类似地,他知道自己做的事是正义或者正当的,因为他理解正义或正当。

但问题是,他要如何获得这种理解?经过考察的生活对一个人在这些方面的信念有什么要求,尤其是要求做哪些检验呢?除非一个人知道正义或正当的本质,否则就不能说自己的行为是否正义或正当。但是,他怎么知道自己知道什么是正义或正当呢?他要如何确保自己是根据知识,而不仅仅是随意的观点行事,不管这个观点恰好是什么呢?

凡是读过《柏拉图对话集》中的任何一篇文章,甚至只是对"苏格拉底式方法"略有了解的人应该都已经熟悉了一种确定的方法。在所有的对话中,苏格拉底的目标都是发现一个人是否确实知道自称知道的事物,就像我们在他与欧悌甫戎的交谈中看到的那样。他的方法是不停地追问。首先请一个人给出概念的定义("什么是虔诚?""什么是正义?"),然后对这个定义提出诘问,看它是否经得起推敲。如果不行,那就完善定义,或者换一个全新的定义,再次尝试,直到得出一个经得住激烈质问的定义之前都不能放弃。

但在开始检验之前,我们还需要澄清定义本身。欧悌甫戎说虔诚是诸神所喜爱的,他是什么意思?他试了几次才提出了一个清楚可用的定义。柏拉图的《理想国》(*Republic*)是一篇探讨正义的本质与好处的政治对话录，其中有一个角色叫色拉叙马霍斯（Thrasymachus），他坚持说正义只不过是对强者有利的东西。苏格拉底首先想知道他的主张是什么意思。

一旦为要探讨的原则或价值观提出了一个确切明晰的定义，接下来就要检验它了。我们已经看到，苏格拉底喜欢用归谬法。当这个定义与其他信念和原则——通常是无可辩驳或公认的看法——结合起来时，这个定义最终会不会得出不连贯或矛盾之处？如果是的话，这个定义就必须被抛弃。前面讲过，这种策略让苏格拉底拒绝了欧悌甫戎对虔诚的定义。按照定义，虔诚的行为不可能是诸神所喜爱的行为，因为同一个行为有些神喜爱，有些神痛恨，所以按照欧悌甫戎的定义，一个行为就是既虔诚又不虔诚了。

或者，你可以说明一个人提出的定义直接违背了这个人持有的其他更根本的信念。一名宗教信徒信仰上帝，也相信上帝本质上善且公正——这大概也属于此人最深刻的信念——那么，他就不能宣称正义的本质完全是由上帝的戒条或偏好所决定的。若是说一件事之所以公正只是因为神的诫命，那么"神是公正的"这个断言就失去意义了。如果正义是由神的戒条决定的，那我们就没有了客观独立的正义标准，不能参照这种标准来有意义地评判神自身正义与否。按照这种看法，如果神施行强奸或虐待，那么强奸和虐待就是正义的了。类似地，如果一个人相信道德等同于法律，正义就是守法，那么从原则上讲，他就不能相信国家颁布的法律可以是不正义的。如果正义是由法律决定的，那么不正义的法律就成了一个矛盾的概念。于是，如果这个人坚信抗议一条他认为不正义的法律——比如允许基于肤色的歧视的法律——是正当的，那么他就必须拒绝由民事立法得出正义的定义。

另一种久经考验的哲学信念验证方法是运用事例。为了表明一个人的信念缺乏证成乃至虚假，你或许可以直接指出这个信念的一个例外情况或反例。你只要说明有些鸟不会飞（企鹅与鸵鸟），就能轻易驳斥所有鸟都会飞的信念。同理，当一个人给出了一个正义的定义时，你可以举出一个他本人承认是正义的但并不符合他的定义的事例，或者一个看上去明显**不正义**却符合他的定义的事例，以此提出诘难。我们已经看到，坚持一个已经证伪的信念是不理性的，你明明无法成功回应反对意见，但还是坚持认为你的一个观点是"知识"，这也是不理性的。

笛卡尔式方法

苏格拉底擅长你来我往的哲学对话。若是没有人愿意参加他的特色"辩驳"（elenchus）活动，也就是通过不断问答来考验他人，那么他就会怅然若失，无法践行他的"神圣使命"。陪审团判处他死刑后，法律允许他用不那么极端的流放出雅典之刑来代替，而他没有采用，甚至拒绝朋友帮助他逃出监狱的提议，原因之一正在于此；其他城邦都不会允许他公开进行哲学活动，那么流放或者逃狱又有什么意义呢？[17]然而，在经过考察的生活中检验信念与价值观并不真的需要对话，而是可以作为一种个人的活动，默默地进行。事实上，笛卡尔在《第一哲学沉思集》认识论部分中正是采用了这样的方法。

长期以来，《第一哲学沉思集》被视为笛卡尔反驳怀疑论的一种尝试。怀疑论认为，真正的知识所需要的绝对确定性是不可能实现的。怀疑主义者主张，我们的官能是有限的，世界又不断在流变中，所以我们在科学乃至日常生活中最多也只能希望获得相对的盖然性（有可能但又不是必然的性质）。[18]怀疑论最初作为一个古希腊哲学学派兴盛一时，但随着古代文献的重新发现，怀疑论在16世纪迎来了复兴。这些文献中记载了怀疑论者的各种论证，其用意是削弱人们对寻常和超常知识主张的信心。例如，米歇尔·德·蒙田（Michel de Montaigne，1533—1592）在《随笔集》中最长的一篇《雷蒙·塞邦赞》（Apology for Raymond Sebond）中复述了古代怀疑论的各种"模式"，目的是削弱教条主义的诱惑，提倡在人类事务中的自我考察与谦卑。[19]在蒙田和其他怀疑论者看来，对外部世界的感官印象的不一致（例如，一样东西从一个角度看是弯的，但从另一个角度看就是直的），理性问题上的意见分歧（对于一个社会或时代是真实或正确的东西，对于另一个社会或时代却是虚假或错误的），甚至不同文化对于什么算是"理性"的不同看法，这些都是人类求知官能不值得信赖的证据。感官和理性最多能赋予我们观点，而不能带来知识，因此明智的做法是采纳一种真正谦卑的认识态度，即不要确信你知道你以为自己知道的事情。

到了17世纪初，"皮浪主义"的怀疑论——得名于古代怀疑论者埃利斯的皮（Pyrrho of Ellis）——复兴，据说其已经进入了某些欧洲知识分子圈子，其中有一个圈子正是笛卡尔经常参加的。在17世纪，艾德里安·巴耶（Adrien Baillet）写了一部笛卡尔传，讲笛卡尔参加过巴黎圣座大使官邸的"饱学穷究之士"的聚会，听科学家香度勋爵尼古拉·德维利耶（Nicolas de Villiers, Lord of Chandoux）发表演说。巴耶写道，香度与其他现代思想家一样"努力摆脱（中世纪）经院哲学的枷锁"，宣扬一种"建立在无可动摇的根基之上的……新哲学"。他的演说受到了在场观众的一致赞扬，大家都赞同他对干瘪空洞的"经院哲学中普遍教授的（亚里士多德）哲学"的反驳。观众里只有笛卡尔无动于衷。笛卡尔的一个朋友注意到了他的沉默，就问他为什么不和大家一起称赞演说者。笛卡尔答道，他欣赏香度对经院哲学的抨击，但香度尽管自称要追求"无可动摇的根基"，却在求知的道路上满足于区区的盖然性，这让他感到不悦。"他（笛卡尔）又说，当人们足够随意，满足于盖然性时，就像他有幸在这些达官显贵面前发言一样，人们就不难仅仅根据表象就以假为真，进而以真为假。为了当场证明这一点，他请一名观众费心提出任意一条真理,一条看起来最无可争辩的真理。"

巴耶说,有一个人上前挑战,而笛卡尔"提出了十二个论证,每一个的盖然性都比前一个更高",向观众证明他们以为的真命题都是假的。接着,笛卡尔话锋一转,同样用盖然性推理证明,观众们确信为假的一个命题是真的。他"接着举出了一条通常认为肯定为假的谬论,通过另外十二个盖然性论证,让听众们认为这条谬论是一条可靠的真理。笛卡尔表现出的推理才能的力度与广度让观众大吃一惊,但更让他们惊讶的是,他们显然已经相信了盖然性会多么轻易愚弄自己的头脑"[20]。有人问笛卡尔是否知道其他更好的办法能避免谬误,得出真理。他答道,他所知道的最准确无误的方法就是他自己用过的方法,而且只要运用他自己的方法原理,任何真理显然都能得到**确定性**的证明。这则故事常常被用来说明,笛卡尔认为仅仅满足于盖然性,从而放弃追求绝对确定性是对哲学怀疑论做出了过多的让步。

但在《第一哲学沉思集》中,笛卡尔有一个比单纯反驳怀疑论作为认识论练习更宏大、更重要的目标。除了表明在怀疑论的挑战面前,我们仍然可能获得知识以外,笛卡尔还要为科学——**他的**科学,研究自然的新机械论物理学——提供无可置疑的坚实基础。[21] 首先,这意味着一种新的知识进路,它将取代指导着亚里士多德-经院哲学的旧求知方法。其次,笛卡尔相信，运用这种新的现代求知方法能够得到绝对确定的"第一原理"。这些普遍的认识论与形而上学基础一旦奠定，接下来就能为自然理论（最宽泛意义上的物理学）奠基，进而支持对构成具体学科（包括生物学、天文学和医学）的自然现象做出的科学解释。

除了为自然科学奠定基础，《第一哲学沉思集》还是一本关于心灵、身体和神的著作。[22]这才是"第一哲学"的真正内容。笛卡尔想要说明，通过运用理性和他自己的探究方法，他能够对灵魂、物质和造物主有何发现，还有对这些一般性主题的基础性理解如何能够引出其他更实用的知识。《第一哲学沉思集》出版几年后，笛卡尔以树为比喻，阐明自己对人类知识整体结构的看法："哲学整体就像一棵树。树根是形而上学，树干是物理学，从树干长出的枝杈是其他所有学科，这些学科都可以归入三大主科：医学、力学、伦理学。"[23]在《第一哲学沉思集》中，笛卡尔主要关注知识大树的根，内容是"知识的原理，包括对神的首要属性的解释，灵魂的非物质性，以及所有清楚明白的内在观念"[24]。但是，在"沉思者"（笛卡尔）讲述自己的思想旅程时，他首先必须完成一种思想净化与转向，否则这些真理全都不会向他显现。

这就是"考察"的作用了。笛卡尔在相当于前言的"内容提要"中告诉读者，他的目标之一是"排除我们的所有成见，并提供一条让心灵脱离感官的方便途径"[25]。他想要清空头脑中的偏见，这些偏见有些是儿时残留下来的，会妨碍对自然的恰当探究。他还想将我们的注意力从具有迷惑性和误导性的杂乱感官经验证明上引开，转向理智的清晰明白的观念。若要让知识从自身头脑的混乱信念中生发出来，笛卡尔首先需要清理垃圾。

这个过程的起点是所谓的怀疑法。笛卡尔会有条不紊地考察自己头脑里的全部内容，他的所有信念和判断，目的是看里面是否不仅有无端偏见，或者令苏格拉底悲叹的随意观点（不管观点是真是假），还有真正的知识，绝对无可置疑的确定性。事实上，通过怀疑法，笛卡尔将怀疑论推到了最极端的立场——不是为了破坏人类的知识，而是要用怀疑论者的方法击败怀疑论者自身。如果笛卡尔能够表明，哪怕对一位处于彻底的怀疑论危机之中，认为一切都可以被怀疑的人来说，仍然有某些在认识层面无可动摇的信念，那么知识（尤其是科学知识）大厦就可以在一个稳固的基础上开始重建了。

笛卡尔喜欢将这个方法比作其他更常见的活动，比如一座房屋地基不稳，于是拆毁重建，或者检查一筐苹果，看里面有没有会传染好苹果的烂苹果："如果（一个人）有一篮子苹果，他担心其中有一些是烂苹果，想把它们挑选出来，以免使其他苹果也发生腐烂，那么他该如何着手呢？其实方法很简单，他应该先将篮子倒空，然后把苹果一个一个地检查一遍，将那些没有腐烂的苹果挑出来，重新装回篮子里，同时将那些腐烂的苹果扔掉。"在计划的第一阶段，笛卡尔会检查头脑中的内容，

"将虚假的信念挑出来，避免它们传染其他信念，让头脑整体变得不确定。做到这一点的最好办法，就是一股脑完全抛弃自己的信念，好像它们全都是不确定和虚假的一样，然后再逐个检查信念，只重新采纳他们认为是真确无疑的信念"[26]。他知道这不是一件容易的事，需要极大的批判性自我考察，也会让人感到不适。然而，正如笛卡尔在《第一哲学沉思集》开头所说，就算只是为了看一看自己到底知道什么——更重要的是，看一看自己**能够**知道什么——一个人一生中至少应该进行一次这样的任务。"我认为，如果我要想在科学上建立起某种坚定可靠、经久不变的东西的话，我就非得在我有生之日认真地把我历来信以为真的一切见解统统清除出去，再从根本上重新开始不可。"[27]

在做这件事时，笛卡尔首先注意到，人们平常不加批判地认为确定了的许多事物其实是值得怀疑的。例如，当人在不太理想的环境中感知物体时，就会产生简单（且容易解决）的怀疑。比如，在昏暗中或者在远处看一个东西时，我们就容易看错东西的大小或形状。这里得出的教训是，感官并不**总是**值得信任的，感官提供的外界信息并不都是真的："我有时觉得这些感官是骗人的；为了小心谨慎起见，对于一经骗过我们的东西就决不完全加以信任。"但是，这种错误并不十分严重。通过认真检查感官提供的信息，以及条件是否有利于感官运行的准确性，我们能够避免这些错误，如光线是否充足，你戴眼镜了吗，你头脑清醒吗。

另外，还有许多其他关于世界的信念，就连最认真、最有批判精神的观察者通常也会认为它们是确定的，包括一些属于常识的核心信念，比如人有身体，外部世界存在且充斥着其他物体，外部世界中的物体在理想观察条件下的表象基本就是真相。"虽然感官有时在小型的和距离很远的东西上骗过我们，但是也许还有许多别的东西，虽然我们通过感官认识它们，却没有理由怀疑它们，比如我在这里，坐在炉火旁边，穿着室内长袍，两只手上拿着这张纸，以及诸如此类的事情。"存在一个独立于心智，由我们熟悉的物体构成的外部世界——还有什么能比这更确定呢？

但是，笛卡尔接着说，甚至这些看似不容怀疑的信念也是可以怀疑的。毕竟，人常常被梦境欺骗，将幻象误以为现实："有多少次我夜里梦见我在这个地方，穿着衣服，在炉火旁边，虽然我一丝不挂地躺在我的被窝里！"怀疑论者笛卡尔或许会说，他只是**梦见**自己坐在炉火旁边，拿着一张纸，或者拥有一具身体，而这一切其实都是幻象，这些最肯定的信念其实是虚假的。梦中的经历可以是如此逼真，如此类似于醒着的生活，以至于你分不清自己是梦还是醒，因此在任何情况下，你对独立现实的经验其实都可能是假的。或者我们换一种怀疑的方式，甚至于承认你能够知道自己何时清醒，何时又睡着，但梦境（已知是虚假的）与醒着（假定为真实的）在性质上是相似的，如经历的生动程度、事物的构成、形状与颜色，等等，这就提出了一个问题：醒时的表象会不会像梦境一样虚幻？[28]如果梦中的经历不能信任，那么既然从经验来看，醒时的经历与梦中的经历似乎无法区分，我们又为什么应该更相信醒时的经历呢？于是，随着笛卡尔继续追寻确定性，怀疑更加深了一层，而他也不再相信感官是关于世界知识的来源了。

然而，即便所有感官经验都不比梦境更真实，但难道不是至少有一个世界存在吗？就算这个物的外在世界与感官所呈现的内容不完全一致，但这个外在世界难道不是至少与日常经验的内容有**些许**相像吗？如果我之外没有**某些东西**作为梦的终极起因，那么梦的素材从何而来呢？"至少必须承认出现在我们梦里的那些东西就像图画一样，它们只有摹仿某种真实的东西才能做成，因此至少那些一般的东西，比如眼睛、脑袋、手，以及身体的其余部分并不是想象出来的东西，而是真的、存在的东西。因为，老实说，当画家们用最高超的技巧，奇形怪状地画出人鱼和人羊的时候，他们也究竟不能给它们加上完全新奇的形状和性质，他们不过是把不同动物的肢体掺杂拼凑起来而已。"[29]

笛卡尔接着说道，外部世界中甚至没有这些"一般的事物"，或许根本没有外部世界。然而，我们肯定不能质疑"更简单、更一般的事物"是现实，比如数学的"永恒真理"，这或许就是我们能想象到的最基础、最无可置疑的东西了。此外，一般的事物并不要求任何"自然"中的存在物，因为它们似乎只是通过理解力发现的简单、抽象但具有客观真实性的概念。于是，笛卡尔说道，我们尽可以承认所有依赖于实际自然存在物的科学都是不确定的："物理学、天文学、医学，以及研究各种复合事物的其他一切科学都是可疑的、靠不住的。"即便如此，他说，算术、几何和其他只要求数、三维广延等概念，"所对待的都不过是一些非常简单、非常一般的东西，不大考虑这些东西是否存在于自然界中"的纯粹理性学科似乎仍然是真实和确定的。笛卡尔说："因为不管我醒着还是睡着，二和三加在一起总是形成五的数字。"[30]

然而，如果我们将《第一哲学沉思集》中提出的思想挑战贯彻到底的话，那么就连看似最确定的真理也必须加以检验，看有没有怀疑它们的合理理由。数学原理真的如看上去那样是真实客观的真理，或者只是在头脑中捏造出来的有力的假想之物？笛卡尔正是从这里进入了他所说的"普遍怀疑"层面，好像之前做得还不够似的。现在，他在思考一种极端的可能性：尽管他也许是被全能的上帝所造——这一点尚且也不确定，而只是一个"由来已久的观点"——但他现在并无有说服力的理由相信，这位造物主不是一个常常让他误入歧途的骗子，哪怕是他认为"知道得最准确的事情"。笛卡尔问道，他要如何确定"每次在二加三，或者在数一个正方形的边上，或者在判断什么是更容易的东西（如果人们可以想出来比这更容易的东西的话）"时没有弄错呢？就笛卡尔此时所知的一切而言，上帝（或者他的其他任何造主）乐于看到他出错，于是有意赋予他一个有缺陷、不可靠的头脑。哪怕得到了精心妥善的运用，这个头脑也只会产生出虚假的信念。笛卡尔或许认为一定要相信二加三等于五，因为他的理智告诉他如此；但或许正由于他的理智源于一个全能的骗子神，因此整体上都是不可靠的，所以二加三其实不等于五。

笛卡尔提出，如果"我的造主"不是上帝，而仅仅是随意的自然力量的话，那么这种怀疑就更有力了。我们假定："我所具有的状况和存在归于某种命运或宿命，或者偶然，或者事物的一种连续和结合，既然失误和弄错是一种不完满，那么肯定的是，我的来源的作者越是无能，我就越可能是不完满以致我总是弄错。"[31] 笛卡尔到底是不是被某位未知的，或许还有这奸邪性格的神所造，还是说他的存在是偶然的结果，这都无关紧要。两种情况都对他的官能的可靠性提出了严重的疑问，包括理性本身。就笛卡尔所知，哪怕是在他觉得最确定的事物上面，他也遭到了欺骗。或许由于笛卡尔天性就有固有的缺陷，不管他主观上感觉多么确定，他信以为真的一切其实都不是真的："我不得不承认，凡是我早先信以为真的见解，没有一个是我现在不能怀疑的。"

到了《第一哲学沉思集》的末尾，笛卡尔彻底陷入了深刻的怀疑危机。他的一些怀疑来自可能性极低的幻想。在一处，为了加强梦境的例子造成的不确定性——他说，习惯的力量是强大的,"不重新掉进我的旧见解"是困难的——他甚至考虑了这样一种可能性(不禁让人想起堂吉诃德相信正在折磨自己的"恶毒的魔法师")[2],那就是,他的所有感官经验都是"假象"和骗局,产生它们的不是上帝,而是一个无所不能的恶毒骗子,一个专门要欺骗他的"妖怪"。笛卡尔主张,不论这种想法是多么难以相信,但如果要发现绝对确定、完全无可置疑的东西,那他就必须对其进行哲学上的严肃对待。为了重新将知识大厦建立在稳固的地基上,我们必须允许每一种怀疑的可能性。尽管在笛卡尔之前相信的事情里当然有许多确实是**真**的,但他需要想出某种值得信赖的方式,将这些事情与虚假或可疑的事情区分开。

笛卡尔的考察似乎走得太远了。到了《第一哲学沉思集》的末尾,似乎什么都没有剩下:不仅真理没有了,获取真理的手段也没有了。笛卡尔把怀疑论者的角色扮演得太好了,现在他怎么还能像他希望的那样,合理地证明上帝是存在且善良的,因此上帝赋予他的理性是值得信赖的呢?他怎么能依赖理性来验证自己的理性,同时又不犯循环论证的毛病呢?他的认知清理工作或许太过彻底,以至于完全摧毁了感知与理智官能的力量,于是失去了获得知识的希望。事实上,与笛卡尔同时期的人批评说,他其实**是**一个怀疑论者和无神论者,他打着试图获取知识的幌子,最终是要表明知识,包括对上帝的知识都是不可能产生的。

本质问题

笛卡尔这种特殊、激进、极富想象力的策略具有很大的历史意义,但当然并不适合所有人。事实上,它只在17世纪欧洲的环境下才有意义。尽管如此,他在《第一哲学沉思集》中的事业——这当然不仅为他的科学计划打下了基础,同时也对他的生活方式有着实践层面的影响——也是一个最精妙的考察范例。与苏格拉底一样,笛卡尔要求你在一生(原文是拉丁文,semel in vita)中至少有一次需要停下脚步,向自己提出一些非常困难的问题。

首先,你需要质问自己正在做的事情。但更重要的是,你需要提出认识论方面的问题,主题是你在决定要做什么的时候会诉诸的信念。你需要考察自己的行动,**以及**指引着行动的价值观、理想和原则。你需要明白你是否真的知道你以为自己知道的事情。若要充分满足经过考察的生活的要求,你就必须思考自己的信念——不管是前文重点讲述的道德信念,还是政治信念、宗教信念或审美信念——并确定这些信念是否得到了认识论层面的证成。

你是否相信疫苗导致自闭症?请你扪心自问,**我为什么这样相信**?我真的有充分和有力的证据——达到医学标准的证据——来支持这一主张吗?

你是否相信反对气候变化的行动是基于一场自由派科学家

捏造的骗局？请你再次扪心自问：我**为什么**这样相信？我的信息来源是谁，或者是什么？它是一个可靠无偏见的科学来源，还是仅仅来自某些政治、宗教或社会偏见？

你对新冠疫情与 5G 网络有关系的信念是否基于对 5G 信号传输性质的认真研究、对人体免疫系统原理的掌握，以及对新冠病毒的透彻理解（直到今天，科学家都不认为自己把新冠病毒搞清楚了）？

我们**为什么**相信某件事？这或许是最重要的一个问题，也可能是治愈坏思考的关键。可惜，人们太少问这个问题了。

苏格拉底的智慧（属于人的智慧）

我们之前考察了一些苏格拉底之前的传统智慧观，并在结尾处提出，苏格拉底引发了一场关于无比重要的德性的哲学变革，将目光转向了内在。对苏格拉底来说，智慧不再基于对周遭世界的研究，而是要研究自己。智者能够给出的不是对自然现象的解释（逻各斯），而是对自身思考与生活方式的说明。

苏格拉底的朋友凯瑞奉（Chairephon）去德尔斐的神谕求问，结果神谕中有一句名言，"没有人比苏格拉底更智慧"[33]。苏格拉底自称对神谕困惑不解，因为他认为自己**并不**智慧。"我听到那句话，心里就反复地想：'神的话暗含着什么意思呢？我自己意识到我并不智慧,既没有很多智慧,也没有很少的智慧。那么神说我最智慧是什么意思呢?他当然不能说谎,因为那是不可能的'。"[34] 他承认其他人有一种智慧——就是我们看到的那种指导技能或技术的知识。工匠、政治家以至诗人都有一种非常专门的智慧,赋予其一个狭隘的专业领域。然而,他们的智慧止于技艺。不幸的是,苏格拉底意识到,这些人为自己的有限智慧感到骄傲,还相信自己知道其实并不知道的事情:"由于本行手艺干得好,他们就个个以为自己在其他最重要的事情上非常智慧。"这就是苏格拉底遍访诘问诸人发现的结果。例如,诗人知道如何写出有关众神和英雄的精彩诗篇,但他接着就错误地以为,自己真的掌握了对神祇、政治和战争——也就是虔诚、正义和勇敢——的知识。认识上的傲慢抵消了他的技艺知识。"他以为自己有智慧,"苏格拉底说,"但他并没有。"[35]

苏格拉底并不宣称自己掌握了任何真正的技艺知识。他自己没有赖以成名乃至维生的专长(他的职业是石匠,但做得并不成功)。在这个意义上,我们可以从表面上理解他否认自己有智慧。他也没有妄称具有其他人显然没有的"对最重要的事情的知识……超人的智慧"。也许他之所以没有告诉欧悌甫戎什么是虔诚,没有告诉拉凯斯什么是勇敢,也没有告诉美诺如何获得德性,是因为他本人确实**不知道**这些事情,这是一个学界长期争论的问题。[36] 无论如何,苏格拉底说这种终极的智慧主要是属于诸神的。

那么是神谕错了吗？不，当然不是。神谕永远不会错，只是需要恰当的解读，这正是苏格拉底所做的事。"我仅仅由于某种智慧而招来了这种名声。这是哪种智慧呢？也许正是那种属于人的智慧……我还是比［某个人］智慧，因为我们虽然没人真正知道美的和好的，他一无所知却自以为知道什么，而我既不知道也不自以为知道。看来我在这一小点上要比他智慧，这就是以不知为不知。"[37] 于是，这就是神谕的内涵与智慧的真正本质：没有人比苏格拉底更智慧，因为只有他知道自己一无所知。

应当提到的是，得到这个意义上的"智慧"并不要求人一无所知。苏格拉底自称无知，但关键不在于此。智慧并不是无知本身，甚至也不是针对知识可能性的怀疑论。智慧并不意味着放弃对实质性知识的一切合理断言。苏格拉底的智慧不在于他一无所知，也不在于一个细枝末节的事实，即他最起码知道**一件**其他人都不知道的事，也就是他一无所知。[38] 重要的是他说"以不知为不知"，这正是苏格拉底对智慧观发展所做出的真正贡献。

换言之，智慧与经过考察的生活密切相关。对自身信念与价值观的反思是经过考察的生活的核心，这种反思能让你确定自己**确实**知道什么，或者，至少能确定你有哪些真正得到证成的信念。但是，这并不是一种纯粹的思维练习，因为我们已经看到，不做考察就没有做好事的希望。

至于"坏思考"，我们现在已经明白，它的替代选项"好思考"只不过就是经过考察的生活，哲学的生活。坏思考——最终还有坏行为——的解药是苏格拉底的智慧。这意味着要学习如何考察——也就是如何分析与评估——他人的言语，还要考察自己的信念，尤其是你应该相信什么，不应该相信什么。这意味着形成信念不能草率，只应该赞同有可靠证据的看法；要抛弃没有证据支持，甚至有证据反驳的信念；还要练习具备逻辑可靠性的好推理，并且知道如何将推理运用到自己的实践和道德生活中。

这一切恰恰是哲学的主题。不幸的是，我们——在个人以及社会层面——似乎比任何时候都更少进行这些重要的认识实践。人类整体上似乎都有染上坏思考的趋势，而我们只能希望现在扭转局势还不算太晚。最后，哲学与经过考察的生活或许是从我们自己手中挽救自己、挽救我们星球的最大希望，也可能是唯一的希望。

结语　负责任的思考

坏思考就像病毒。它在传播。它传染了社会的每一个阶层，不管是在私人领域还是公共领域。它潜藏在家里和工作中，商界和政坛。坏思考在攻击父母、子女、政客、店主、律师、医生、电影明星、教师——我们所有人。它强大而危险。坏思考会损害心智：它产生了没有根据的信念，让我们的观点误入歧途。因为信念与情绪密切相关，所以坏思考也会腐蚀我们的情感生活：我们的爱、我们的恨、我们的嫉妒，尤其是我们的希望与恐惧都会被坏思考扭曲。

坏思考还会损害我们的物质生活。由于造成了判断失误，它会引发欠考虑的行为与不道德的做法。在公共领域中，它产生了无知、方向错误和破坏性的政策，既损害我们的身心健康，也毒害我们的环境。

不过，坏思考有一种解毒剂，这个解毒剂能够减轻它的危害，甚至完全避免它，那就是通过哲学以及广义人文学科进行的正确教育，用斯宾诺莎的话说就是"知性改进"(emendation of the intellect)。如前所述，哲学传授好思考的准则，也就是正确的推理方式以及用理性方式形成和持有信念对认识、道德以至政治的益处。正如苏格拉底所主张的，哲学生活——一种对信念、价值观与行为进行自我考察的生活——是值得过的好生活，它会带来珍贵的奖赏。

当然，批判性思维训练、缜密思考、周全判断并不是哲学的禁脔。各个核心人文学科——历史（包括科学史与艺术史）、文学、文化研究、民族学、语言学——都有助于对自我、他人和世界的批判性反思。疏忽、狭隘、不理性的思考像一场传染病，正在威胁着作为个人、作为各国公民、作为拥有唯一一颗行星的居民的我们，而人文反思对治疗这场瘟疫至关重要。将自然选择进化论斥为"不过是一种理论"的人需要认真学习科学史与科学方法论。简·奥斯汀的小说中许多鲜明的例子体现了坏思考以及不经考察的生活的危害。

当然，单靠哲学和其他人文学科并不能拯救我们。人们不会仅仅因为你向他们指出，他们长久持有的珍贵信念是不理性乃至虚假的，或者这些信念不是通过哲学意义上负责任的方法得出的,就放弃这些信念。不管我们的教育或修养程度如何——不管我们对哲学、科学、历史、文学和艺术有多少了解——我们总是有种种理由坚持一些从理性角度看应当抛弃的信念和做法。认识性顽固与规范性顽固不是那么容易克服的。我们之所以相信我们相信的事情,而且不愿意放弃这些信念,常常是有非常私人和非理性的理由的。情绪与欲望是考察与修正观点的强大障碍,例如信仰上帝为许多信徒带去了安慰,同时也常常让人们不接受得到理性证成但与教义冲突的信念。意识形态也会让我们看不到自身认知方式的错误。当某些观点与我们的政治信念契合时,我们就更可能接受并坚持这些观点,尽管有证据表明它们是虚假的。苏格拉底式的自我考察是一种让人不安和迷惘的经历。

就连受过最好教育的人也会长期陷入认识性顽固和规范性顽固。在2019年的《为什么要信任科学?》(*Why Trust Science?*)一书中,科学史学家内奥米·奥利斯克斯(Naomi Oreskes)指出:"如果我们用文化权威性来定义成功的话,那么科学在当下不仅没有大获全胜,似乎更是摇摇欲坠。许多公民同胞——包括美国现任总统和副总统——都对关于疫苗、进化、气候变化乃至烟草危害的科学结论抱有怀疑,有时还会发出积极的挑战。我们不能将这些挑战斥为'科学文盲行为'。"在很多情况下，问题不在于缺少知识或教育，而在于政治信念。例如，奥利斯克斯指出："共和党人的教育程度越高，就越可能怀疑或拒绝关于人类世气候变化的主张。这并不代表他们缺少知识，而是意识形态动机、巧言令色的自利、信念冲突的力量所造成的结果。"[1]她承认克服这些对理性生活的阻碍是困难的，但也提出，"揭露否认科学背后的意识形态和经济动机，表明这些反对意见不是科学，而是政治"是重要的第一步。[2]

此外，哲学家希瑟·道格拉斯（Heather Douglas）表明，一个人对证据的评估——什么证据算是支持了一个信念，什么证据不算——往往并非基于认识因素，而是基于道德、伦理、政治和经济因素。于是，在涉及政治或经济利益时，有人就会认为支持人类导致气候变化的证据不重要。[3]他们会将否定自身信念的一切证据都打成"假新闻"，将相反的叙事打成谎言。

还有人为了事业、金钱、权力和影响力而煽动他人相信虚假的事，比如，将科学界对新冠疫情的共识斥为"骗局"，或者散播对无可置疑的清楚事实的怀疑，比如巴拉克·奥巴马总统的出生地或者邮寄选票的安全性。我能想到一批知名电视大佬，但这就是完全另一回事了，他们不是固执，而是居心不良。

那么，要如何解释认识性顽固呢？我们为什么拒绝承担能够将我们从自己手中拯救出来的理性责任呢？是情绪、意识形态、效率、懒惰，还是缺乏安全感？自然选择是否让我们无法抗拒糟糕的推理，就像我们无法抗拒高糖高脂肪的食物，由此导致糖尿病、肥胖症和其他病症发病率攀升呢？这些问题要由心理学家来回答。清楚的一点是：除非我们能逆转潮流，对自身信念负起更大的认识责任，以及更普遍地说，努力去过经过考察的生活，否则我们的心智、身体、民主和地球的健康都会危如累卵。

注 释

导言 我们的认识论危机

1 Krugman 2020.
2 参见Nadler 2017。
3 Plumer and Davenport 2019.

第一章 思考，好与坏

1 Clifford 1877, 294.
2 Clifford 1877, 294.
3 Descartes 1984, 2:41.中文译文出自《第一哲学沉思集》，庞景仁译，1986年。
4 Descartes 1984, 2:40–41.中文译文出自《第一哲学沉思集》，庞景仁译，1986年。

5　Clifford 1877, 295.

6　Clifford 1877, 289.

7　Clifford 1877, 289.

8　Clifford 1877, 290.

9　Clifford 1877, 295.

10　Pascal 1966, 149–150.

11　James 1956.

12　Hviid et al. 2019.

13　Pollock 1986.

14　不过，哲学家埃德蒙·葛梯尔（Edmund Gettier）在1963年的一篇著名论文中批判了"证成真信念是知识的充分条件"的观点（Gettier 1963），之后认识论领域对其的争论一直很激烈。

第二章　如何做一个讲道理的人

1　Doyle 2016b, 17.

2　Doyle 2016a, 17.

3　不过，并非所有演绎论证都是形式上有效的。比如这个论证：抽屉里的所有物件都是衬衫，因此抽屉里的所有物件都是衣服。这是一个有效的论证，因为如果前提为真，则结论也必然为真。但它并非形式上有效，因为从形如"所有X都是Y"的前提并不总能推出形如"所有X都是Z"的结论。例如，"笼子里的所有动物都是沙鼠"并不能推出"笼子里的所有动物都是蛇"。之后我们会忽略这些细微分别，将有效性当作一个纯粹的形式概念。

4　如果你不知道什么是岛的话，那么这或许是对"岛"这个字的有益释义。然而，如果目标是说服你相信马达加斯加是一个岛的话，那这个论证就失败了。

第三章　思考与解释

1　Wainer and Zwerling 2006.

2　此结论出自Wainer and Zwerling 2006。

3　Kahneman 2011, 117–118.

4　Wainer and Zwerling 2006讨论了该案例。

5　Bacon 1939, 36, *The New Organon*, bk. 1, aphorism 46. 中文译文出自《新工具》，许宝骙译，1984年。

6　Wason 1960.

7　Wason 1966; Wason 1968.

8　有趣的是，尽管该实验是对肯定偏误的一次经典研究，但肯定偏误通常指的是无根据地偏袒那些肯定自己喜欢的假设的观察。这里的"肯定"是为假设提供归纳性质的支持，可纸牌实验的正确答案其实涉及了演绎推理。

9　纸牌实验表明，这一点在演绎推理环境下也成立。

10　Popper 1959.

11　关于反疫苗运动的历史，参见 Cummins 2019。

12　关于一项有超过65万名儿童参加并引用了其他研究的论文，参见 Hviid et al. 2019。

13　Perrigo 2020.

14　关于一份对肯定偏误的心理学研究的优秀综述，以及表明肯定偏误普遍性的富有启发性的例证，参见 Nickerson 1998。

15　Tversky and Kahneman 1982.

16　Gigerenzer and Hoffrage 1995.

17　关于基率的告诫也适用于前面讲过的罗列归纳，这从出租车的例子中就能明显看出来。在这个例子里，关于肇事出租车的假设用到了蓝车与绿车频率的证据。

18　参见 Crawford 2020 中的詹姆斯·费策尔（James Fetzer）访谈。

19　Appiah 2020.

第四章　当坏思考变成坏行为

1　Berlin 2013.

2　Plato, *Statesman* 266e.

3　Aristotle, *Politics* 1253a.

4　Vigdor 2019.

5　Stack 2019.

6　大名鼎鼎的演员汤姆·汉克斯曾回忆道，自己在一场音乐节上没法买啤酒，因为他没有主办方只发给21岁以上观众的手环；汉克斯当时已经62岁了。汉克斯访谈见Graham Norton Show, series 25, episode 12, June 21, 2019, http://www.bbc.co.uk/programme/po7dpvx7/player。

7　Hart 1961, 21. 中文译文出自《法律的概念》，许家馨，李冠宜译，2006年。

8　参见Berlin 2002; Larmore 1987; Williams 1981。

9　关于一篇对古典哲学与文学中的道德冲突的精彩长篇讨论，参见Nussbaum 2001。

10　参见托马斯·内格尔（Thomas Nagel）的论文"War and Massacre"（Nagel 1991, 53-74）。

11　承认另一个关于语言的哲学概念对麦迪逊市高中的管理者也会有益处，即使用与提及的区别。当你说，"你是一个白痴"时，你是在使用"白痴"这个词来骂人。当你说，"我正在用'白痴'这个词来骂你"，"'白痴'这个词有两个字"或者"不要叫我'白痴'"的时候，你只是提及了这个词，而并未使用它。但这就是另一个故事了。

12　参见Aristotle, *Nicomachean Ethics* 1106a26-b7。中文译文出自《尼各马可伦理学》，廖申白译，2003年。

13　关于这一点的原因，规则功利主义者认为自己的看法至少比行为功利主义者有实践层面的优势。规则功利主义者主张，你应该选择一般倾向于增进幸福的行为，哪怕在当前情况下采取这一行为其实并不会增进幸福。行为功利主义者主张，正确的指导因素是在当前情况下采取特定行为的总体效用。

14　当然，这不是说盲目遵循规则的人放弃了行动的责任。毕竟，人要为一开始的规则选定负责，也要为决定运用规则的程度负责。

15　请注意，这并不是一个严格意义上的法律问题。法律只是规定不得向未成年人出售酒精饮料，并没有说只能向出示适当身份证明的人卖酒。将后者定为店规的人是店主。因此，店家完全有权力允许员工向无疑远远超过了最低饮酒年龄的人卖酒。因此，在这个例子中，判断的责任归根到底可能要

注 释

由店主或者经理来承担。

16　Ovid, *Metamorphoses* 7.17–21. 转译自英文译本Ovid 2004, 249。

17　Plato, *Phaedrus* 237e–238a, 246a–254e. 中文译文出自《柏拉图全集》(第一卷),王晓朝译,2002年。

18　Spinoza, *Ethics*, pt.4, prop. 15. 转译自Spinoza 1985。

19　Aristotle, *De motu animalium* 701a20. 转译自Aristotle 1985a。

20　Aristotle, *Nicomachean Ethics* 1140a25–30, 1140b5. 中文译文出自《尼各马可伦理学》,廖申白译,2003 年。

21　严格来说,实践三段论的结论并不是关于应该做什么,而是关于行为本身。

22　Aristotle, *Nicomachean Ethics* 1140a10. 中文译文出自《尼各马可伦理学》,廖申白译,2003 年。

23　Aristotle, *Nicomachean Ethics* 1144a25. 中文译文出自《尼各马可伦理学》,廖申白译,2003 年。

24　关于亚里士多德akrasia概念的文献浩如烟海。例如:Broadie 1991, chap. 5; Gottlieb 2009, chap. 8.5; Hutchinson 1995, 215–217; Mele 1999; Wiggins 1980。

25　Aristotle, *Nicomachean Ethics* 1147b30–32, 1147b25.

26　Aristotle, *Nicomachean Ethics* 1150b20. 中文译文出

自《尼各马可伦理学》，廖申白译，2003年。

27 Aristotle, *Nicomachean Ethics* 1152a14-15. 中文译文出自《尼各马可伦理学》，廖申白译，2003年。

28 Aristotle, *Nicomachean Ethics* 1147b15. 中文译文出自《尼各马可伦理学》，廖申白译，2003年。

29 参见Kraut 2018。

30 Plato, *Protagoras* 357d-e. 转译自Plato 1961。中文译文出自《普罗塔戈拉》，刘小枫译，2009年。

31 Railton 1986.

32 Hume 1978, 579-586.

33 Nagel 1970; Scanlon 1998; Shafer-Landau 2003.

34 Shafer-Landau 2003, 129-130; Svavarsdóttir 1999. 严格来说，内在主义者主张是道德信念自身必然就是动机，因此一些哲学家拒绝内在主义，他们认为道德信念本身可以是动机，但并不必然是动机。

35 最近的心理学研究似乎支持外在主义立场：除了推理以外，情绪也在道德行为的动机有无中扮演着关键角色，参见Aronson, Wilson and Akert 2019，尤其是第七章至第九章。Haidt (2001 and 2012)主张，道德"推理"其实主要并不是推理或理性思考，而是由情绪驱动的直觉判断。

36 当然，除了这种比较简单的经典akrasia解释（情绪或激情压倒理性)以外,还有许多其他因素能够解释我们为什么没有按照良好的道德判断行动,如自制力、社会压力(例如归属欲望)、强迫性行为、反社会人格、成瘾。此外,神经科学家发现人脑中有道德的神经生物学基础,参见Mendez 2006。达马希奥及其同事研究了脑损伤如何会影响情感反应,从而造成道德行为障碍,参见:Anderson et al. 1999; Bechara et al. 1994; 及Damasio 1994 and 1996。在此感谢帕特里夏·丘奇兰德(Patricia Churchland)向我们指出了这一维度。但是,因为我们主要是从哲学角度来探讨的,所以就不介绍科学文献了。

37 Aristotle, *Nicomachean Ethics* 1148a15, 1150b30. 中文译文出自《尼各马可伦理学》,廖申白译,2003年。

38 因此,亚里士多德区分了"处于无知状态的行为"和"出于无知而做出的行为",并主张我们只有在后一种情况下要为自己的行为负责。醉汉处于无知状态下做出了行为,但他并非因此就是不由自主,参见*Nicomachean Ethics* 1110a。

第五章　智慧

1. 本书讨论"苏格拉底"的信念或言论时，我们指的不是历史人物苏格拉底——他没有留下著作——而是《柏拉图对话集》中大多数文章中都出现的苏格拉底角色。这个虚构的苏格拉底取材于历史人物。柏拉图本人就是苏格拉底的学生，对他很熟悉。关于"苏格拉底问题"的综述，也就是历史人物苏格拉底与文学角色"苏格拉底"的区别，参见Dorion 2011。

2. 不过，这一状况最近有所改善。关于智慧的当代哲学论述，参见：Kekes 1983；Lehrer et al. 1996中收录的文章；Nozick 1989；以及Tiberius 2008。关于一份优秀的综述，参见Ryan 2018。"生活意义"这个哲学"大"问题在哲学界也重新获得了关注，参见：Benatar 2010收录的文章；Cottingham 2003；Kraut 2007；以及Wolf 2010。

3. Nozick 1989, 269.

4. Kekes 1983, 277.

5. 这一情节记载于Herodotus, *The Histories*, 382。中文译文出自《历史》，徐松岩译，2018年。

6. Homer, *Iliad* 5.50–54.转译自Homer 1951。

7 Aristotle, *Nicomachean Ethics* 1141a. 中文译文出自《尼各马可伦理学》，廖申白译，2003年。

8 Homer, *Iliad* 1.250–252.

9 参见Plato, *Protagoras* 343a。

10 梭伦与克洛伊索斯会面的故事记载于Herodotus, *The Histories* 1.29–45。

11 Diels and Kranz 1974, 21; Barnes 1982, 11.

12 Diels and Kranz 1974, 22; Barnes 1982, 40.

13 Plato, *Phaedo* 96a–b. 中文译文出自《柏拉图对话集》，王太庆译，2019年。

14 Sellars 1962, 35.

15 Diels and Kranz 1974, 22; Barnes 1982, 1.

16 关于古希腊哲学起源的富有启发性的新研究，参见Hadot 2004和Sassi 2018。关于古代哲学中的智慧，参见Cooper 2012。

17 Diels and Kranz 1974, 21; Barnes 1982, 34.

18 Diels and Kranz 1974, 22; Barnes 1982, 41.

19 Xenophon, *Memorabilia* 1.1. 译文出自《回忆苏格拉底》，吴永泉译，1984年。

20 Xenophon, *Memorabilia* 1.1. 中文译文出自《回忆苏格拉底》，吴永泉译，1984年。

21 Nozick 1989, 267, 269.

第六章　哲学生活

1 关于一份对苏格拉底"经过考察的生活"概念的富有启发性的讨论，参见Kraut 2006。

2 Plato, *Euthyphro* 9d. 转引自Plato 1981。中文译文出自《柏拉图对话集》，王太庆译，2019年。

3 Plato, *Euthyphro* 15c–e. 中文译文出自《柏拉图对话录》，王太庆译，2019年。

4 Plato, *Euthyphro* 4e. 中文译文出自《柏拉图对话录》，王太庆译，2019年。

5 古希腊神话中的海神，能够随时变易形态，因此特别难以抓获。

6 Plato, *Euthyphro* 15c–e. 粗体为本书作者所加。中文译文出自《柏拉图对话录》，王太庆译，2019年。

7 关于苏格拉底是否确实赞同这一原则（常被称为"苏格拉底谬误"），学界有许多争论，参见：Benson 2000 and 2013; Futter 2019; 以及Geach 1966。

8 apology在英语中通常是道歉的意思，但在这里的用法比较特殊，是"申辩"的意思。

9 Plato, *Apology of Socrates* 29d–e. 转引自Plato 1981。中文译文出自《柏拉图对话集》，王太庆译，2019年。

10 Plato, *Apology of Socrates* 37e–38a. 中文译文出自《柏拉图对话录》，王太庆译，2019年。

11 Hume 1978, 2.3.3.

12 Plato, *Apology of Socrates* 28b. 中文译文出自《柏拉图对话录》，王太庆译，2019年。

13 Plato, *Apology of Socrates* 39c–d（粗体为本书作者所加）。在这一段中，苏格拉底说的"交代"原文其实并不是logos，而是elenchon，对应于苏格拉底在对话中采用的反诘法（elenchus）。不过，elenchon也是为一个人的生活、行为或信念给出辩护或证成，与logos属于同一类。

14 Aeschylus, *Agamemnon* 2.1388–1390. 转引自Aeschylus 2013。中文译文出自《阿伽门农王》，叶君健及周岩译，1995年。

15 Aeschylus, *Agamemnon* 2.1376–1378. 中文译文出自《阿伽门农王》，叶君健及周岩译，1995年。

16 Aeschylus, *Agamemnon* 2.1528–1529, 1560–1566. 中文译文出自《阿伽门农王》，叶君健及周岩译，1995年。

17 Plato, *Apology of Socrates* 37d–33; Plato, *Crito* 53b–e. 转译自Plato 1981。

18 这一观点的主张者有Curley 1978, Popkin 1979

等人。

19　Popkin 1979回顾了这一段历史。

20　Baillet 1987, 1:162-163.

21　他对朋友最小兄弟会修士马林·麦尔塞纳（Minim priest Marin Mersenne）说,"这六篇沉思完全包括了我的物理学的基础"（Descartes 1991, 173 [January 28, 1641]）。

22　针对《第一哲学沉思集》有大量优秀详尽的学术著作,包括:Carriero 2009; Kenny 1968; Williams 1978和Wilson 1978。

23　笛卡尔《哲学原理》（*Principles of Philosophy*）1647年法文版序言（作者是毕果修道院长,获得了笛卡尔的认可）（Descartes 1984, 1:186）。

24　《哲学原理》1647年法文版序言（Descartes 1984, 1:186）。

25　*Meditations*, Synopsis（Descartes 1984, 2:9）。

26　Seventh Replies (Descartes 1984, 2:324).

27．*Meditations*, First Meditation (Descartes 1984, 2:12). 中文译文出自《第一哲学沉思集》,庞景仁译,1986年。

28　梦境论证有两种不同的理解方式,分别出自笛卡尔第一沉思（Descartes 1984, 2:13）中的表述和第

注 释

六沉思（Descartes 1984, 2:53）中的复述。Wilson（1978, 13-31）在对梦境论证的分析中讨论了这一区别。

29 *Meditations*, First Meditation (Descartes 1984, 2:13). 中文译文出自《第一哲学沉思集》，庞景仁译，1986 年。

30 *Meditations*, First Meditation (Descartes 1984, 2:13-14). 中文译文出自《第一哲学沉思集》，庞景仁译，1986 年。

31 *Meditations*, First Meditation (Descartes 1984, 2:14). 中文译文出自《第一哲学沉思集》，庞景仁译，1986 年。

32 事实上，笛卡尔很喜欢此类文学作品。塞万提斯的小说可能影响到了笛卡尔在《第一哲学沉思集》中对怀疑的理解，参见 Nadler 1997。

33 Plato, *Apology of Socrates* 21a. 色诺芬与苏格拉底是同时代人，给出了另一份对苏格拉底受审的记述，其中神谕说的是"苏格拉底是最智慧的人"（Xenophon, *Apology of Socrates*, §14）。

34 Plato, *Apology of Socrates* 21b. 中文译文出自《柏拉图对话录》，王太庆译，2019 年。

35 Plato, *Apology of Socrates* 21a-d. 中文译文出自《柏

· 221 ·

拉图对话录》，王太庆译，2019年。

36 也许苏格拉底否认掌握这些道德知识是讽刺之语，只是为了引出对话者知道的事情而使用的教学技法。苏格拉底的"讽刺"是一个由来已久的学术争论话题，参见：Lane 2011; Vasiliou 2002; 以及 Vlastos 1991。

37 Plato, *Apology of Socrates* 21d. 中文译文出自《柏拉图对话录》，王太庆译，2019年。

38 这就是所谓的"智慧谦逊论"，即当且仅当一个人相信自己不智慧，一个人便是智慧的，参见Lehrer et al. 1996的序言和Ryan 2018。

结语　负责任的思考

1 Oreskes 2019, 71–72.

2 Oreskes 2019, 246.

3 Douglas 2009, 201.

参考文献

Aeschylus. 2013. *The Oresteia*. Edited and translated by David Grene and Richmond Lattimore. Chicago: University of Chicago Press.

Alston, William P. 1989. *Epistemic Justification: Essays in the Theory of Knowledge*. Ithaca, NY: Cornell University Press.

Anderson, Steven, Antoine Bechara, Hanna Damasio, Daniel Tranel and Antonio R. Damasio. 1999."Impairment of Social and Moral Behavior Related to Early Damage in Human Prefontal Cortex." *Nature Neuroscience* 2: 1032–1037.

Appiah, Kwame Anthony. 2020. "How Do I Deal with a Friend Who Thinks COVID-19 Is a Hoax?" The Ethicist, *New York Times Magazine*, April 22.

Aristotle. 1985a. *The Complete Works of Aristotle*. 2 vols. Edited by Jonathan Barnes. Princeton, NJ: Princeton University Press.

———. 1985b. *Nicomachean Ethics*. Translated by Terence Irwin. Indianapolis, IN: Hackett Publishing.

Bacon, Francis. 1939. *Novum Organon* (1620). In *The English Philosophers from Bacon to Mill*, edited by E. A. Burtt, 24–123. New York: Random House.

Baillet, Adrien. 1987. *La vie de Monsieur Descartes*. Facsimile reprint. New York, 1987. Originally published in Paris: Daniel Horthemels, 1691.

Barnes, Jonathan, ed. 1982. *The Presocratic Philosophers*. 2nd ed. London: Routledge and Kegan Paul.

Bechara, Antoine, Antonio R. Damasio, Hanna Damasio and Steven W. Anderson. 1994. "Insensitivity to Future Consequences Following Damage to Human Prefontal Cortex." *Cognition* 50: 7–15.

Benatar, David, ed. 2010. *Life, Death and Meaning*. Lanham, MD: Rowman and Littlefield.

Benson, Hugh. 2000. *Socratic Wisdom*. Oxford: Oxford University Press.

———. 2013. "The Priority of Definition." In *The Bloomsbury Companion to Socrates*, edited by J. Bussanich and N. D. Smith, 136–155. London: Continuum.

Berlin, Isaiah. 2002. Liberty. Oxford: Oxford University Press.

———. 2013. *The Hedgehog and the Fox: An Essay on Tolstoy's View of History*. Edited by Henry Hardy. 2nd ed. Princeton, NJ: Princeton University Press.

Broadie, Sarah. 1991. *Ethics with Aristotle*. Oxford: Oxford University Press.

Carriero, John. 2009. *Between Two Worlds: A Reading of*

Descartes's Meditations. Oxford: Oxford University Press.

Chignell, Andrew. 2018. "The Ethics of Belief." *Stanford Encyclopedia of Philosophy*. Spring 2018 ed. https://plato.stanford.edu/cgi-bin/encyclopedia/archinfo.cgi?entry=ethics-belief.

Clifford, William. 1877. "The Ethics of Belief." *Contemporary Review* 29:289–309.

Cooper, John. 2012. *Pursuits of Wisdom: Six Ways of Life in Ancient Philosophy*. Princeton, NJ: Princeton University Press.

Cottingham, John. 2002. *On the Meaning of Life*. London: Routledge.

Crawford, Amanda. 2020. "The Professor of Denial." *Chronicle of Higher Education Review*, February 14.

Cummins, Eleanor. 2019. "How Autism Myths Came to Fuel Anti-Vaccination Movements." *Popular Science*, February 1.

Curley, Edwin. 1978. *Descartes against the Skeptics*. Cambridge, MA: Harvard University Press.

Damasio, Antonio R. 1994. *Descartes' Error: Emotion, Reason and the Human Brain*. New York: Putnam.

———. 1996. "The Somatic Marker Hypothesis and the Possible Functions of the Prefrontal Cortex". *Philosophical Transactions of the Royal Society of London. Series B: Biological Sciences*. 351: 1413–1420.

Descartes, René. 1964–1972. *Oeuvres de Descartes*. Edited by Charles Adam and Paul Tannery. 12 vols. Paris: J. Vrin.

———. 1984. *The Philosophical Writings of Descartes*. Vols. 1 and 2. Edited and translated by John Cottingham, Robert Stoohoff, and Dugald Murdoch. Cambridge: Cambridge University

Press.

———. 1991. *The Philosophical Writings of Descartes*. Vol. 3: *The Correspondence*. Edited and translated by John Cottingham, Robert Stoohoff, Dugald Murdoch, and Anthony Kenny. Cambridge: Cambridge University Press.

Diels, H., and W. Kranz. 1974. *Die Fragmente der Vorsokratiker*. 3 vols. Berlin: Weidmann.

Dorion, Louis-André. 2011. "The Rise and Fall of the Socrates Problem." In *The Cambridge Companion to Socrates*, edited by Donald R. Morrison, 1–23. Cambridge: Cambridge University Press.

Douglas, Heather. 2009. *Science, Policy and the Value-Free Ideal*. Pittsburgh, PA: University of Pittsburgh Press.

Doyle, Arthur C. 2016a. "Silver Blaze." *The Memoirs of Sherlock Holmes*, 7–26. Ballingslöve, Sweden: Wisehouse Classics.

———. 2016b. *A Study in Scarlet*. Ballingslöve, Sweden: Wisehouse Classics.

Futter, Dylan B. 2019. "The Socratic Fallacy Undone." *British Journal for the History of Philosophy* 27:1071–1091.

Geach, Peter. 1966. "Plato's *Euthyphro*: An Analysis and Commentary." The Monist 50:369–382.

Gettier, Edmund. 1963. "Is Justified True Belief Knowledge?" *Analysis* 23:121–123.

Gigerenzer, Gerd, and Ulrich Hoffrage. 1995. "How to Improve Bayesian Reasoning without Instruction: Frequency Formats." *Psychological Review* 102:684–704.

Ginet, Carl. 2001. "Deciding to Believe." In *Knowledge, Truth and Duty*, edited by M. Steup, 63–76. New York: Oxford University Press.

Gottlieb, Paula. 2009. *The Virtue of Aristotle's Ethics*. Cambridge: Cambridge University Press.

Hadot, Pierre. 2004. *What Is Ancient Philosophy?* Cambridge, MA: Belknap Press.

Haidt, Jonathan. 2001. "The Emotional Dog and Its Rational Tail: A Social Intuitionist Approach to Moral Judgment." *Psychological Review* 4: 814–834.

Haidt, Jonathan. 2012. *The Righteous Mind: Why Good People Are Divided by Politics and Religion*. New York: Vintage.

Hart, H. L. A. 1961. *The Concept of Law*. Oxford: Clarendon Press.

Herodotus. 1954. *The Histories*. Translated by Aubrey de Sélincourt. Harmondsworth, UK: Penguin.

Homer. 1951. *Iliad*. Translated by Richmond Lattimore. Chicago: University of Chicago Press.

Hume, David. 1978. *A Treatise on Human Nature*. Edited by L. A. Selby-Bigg. 2nd ed. Oxford: Clarendon Press.

Hutchinson, Douglas S. 1995. "Ethics." In *The Cambridge Companion to Aristotle*, edited by Jonathan Barnes, 195–232. Cambridge: Cambridge University Press.

Hviid, Anders, Jørgen Vinsløv Hansen, Morten Frisch, and Mads Melbye. 2019. "Measles, Mumps, Rubella Vaccination and Autism: A Nationwide Cohort Study." *Annals of Internal Medicine* 170:513–520.

James, William. 1956. *The Will to Believe and Other Essays in Popular Philosophy*. New York: Dover Publications.

Kahneman, Daniel. 2011. *Thinking , Fast and Slow*. New York: Farrar, Straus and Giroux.

Kekes, John. 1983. "Wisdom." *American Philosophical Quarterly* 20:277–286.

Kenny, Anthony. 1968. *Descartes: A Study of His Philosophy*. South Bend, IN: St. Augustine's Press.

Kraut, Richard. 2006. "The Examined Life." In *A Companion to Socrates*, edited by Sara Ahbel-Rappe and Rachana Kamteker, 228–242. Malden, MA: Blackwell Publishing.

———. 2007. *What Is Good and Why: The Ethics of Well-Being*. Cambridge, MA: Harvard University Press.

———. 2018. "Aristotle's Ethics." *Stanford Encyclopedia of Philosophy*. Summer 2018 ed. https://plato.stanford.edu/archives/sum2018/entries/aristotle-ethics.

Krugman, Paul. 2020. *Arguing with Zombies: Economics, Politics, and the Fight for a Better Future*. New York: Norton.

Lane, Melissa. 2011. "Reconsidering Socratic Irony." In *The Cambridge Companion to Socrates*, edited by Donald R. Morrison, 237–259. Cambridge: Cambridge University Press.

Larmore, Charles. 1987. *Patterns of Moral Complexity*. Cambridge: Cambridge University Press.

Lehrer, Keith, Jeannie Lum, Beverly Slichta, and Nicholas D. Smith, eds. 1996. *Knowledge, Teaching and Wisdom*. Dordrecht: Kluwer.

Mele, Alfred. 1999. "Aristotle on Akrasia, *Eudaimonia*, and the Psychology of Action." In *Aristotle's Ethics: Critical Essays*, edited by Nancy Sherman, 183–204. Lanham, MD: Rowman and Littlefield.

Mendez, Mario F. 2006. "What Frontotemporal Dementia Reveals About the Neurobiological Basis of Morality." *Medical Hypotheses* 67: 411–418.

Nadler, Steven. 1997. "Descartes's Demon and the Madness of Don Quixote." *Journal of the History of Ideas* 58:41–55.

———. 2017. "How to Fix American Stupidity." *Time*, September 12. https://time.com/4937675/how-to-fix-american-stupidity.

———. 2020. *Think Least of Death: Spinoza on How to Live and How to Die*. Princeton, NJ: Princeton University Press.

Nagel, Thomas. 1970. *The Possibility of Altruism*. Oxford: Oxford University Press.

———. 1991. *Mortal Questions*. Cambridge: Cambridge University Press.

Nickerson, Raymond. 1998. "Confirmation Bias: A Ubiquitous Phenomenon in Many Guises." *Review of General Psychology* 2:125–220.

Nozick, Robert. 1989. "What Is Wisdom and Why Do Philosophers Love It So?" In Nozick, *The Examined Life: Philosophical Meditations*, 267–278. New York: Touchstone Press.

Nussbaum, Martha. 2001. T*he Fragility of Goodness: Luck*

and Ethics in Greek Tragedy and Philosophy. 2nd ed. Cambridge: Cambridge University Press.

Oreskes, Naomi. 2019. *Why Trust Science?* Princeton, NJ: Princeton University Press.

Ovid. 2004. *Metamorphoses*. Translated by David Raeburn. London: Penguin.

Pascal, Blaise. 1966. *Pensées*. Translated by A. J. Krailsheimer. Harmondsworth, UK: Penguin.

Perrigo, Billy. 2020. "How Coronavirus Fears Have Amplified a Baseless But Dangerous 5G Conspiracy Theory." *TIME*, April 9.

Plato. 1961. *The Collected Dialogues of Plato*. Edited by Edith Hamilton and Huntington Cairns. Princeton, NJ: Princeton University Press.

———. 1981. *Five Dialogues*. Translated by G. M. A. Grube. Indianapolis, IN: Hackett Publishing.

Plumer, Brad, and Coral Davenport. 2019. "Science under Attack: How Trump Is Sidelining Researchers and Their Work." *New York Times*, December 28.

Pollock, John. 1986. *Contemporary Theories of Knowledge*. Totowa, NJ: Rowman and Littlefield.

Popkin, Richard. 1979. *The History of Skepticism from Erasmus to Spinoza*. Berkeley: University of California Press.

Popper, Karl. 1959. *The Logic of Scientific Discovery*. London: Hutchinson.

Railton, Peter. 1986. "Moral Realism." *Philosophical Review*

95:163–207.

Ryan, Sharon. 2018. "Wisdom." *Stanford Encyclopedia of Philosophy*. Fall 2018 ed. https://plato.stanford.edu/archives/fall2018/entries/wisdom.

Sassi, Maria Michela. 2018. *The Beginnings of Philosophy in Greece*. Princeton, NJ: Princeton University Press.

Scanlon, Thomas. 1998. *What We Owe to Each Other*. Cambridge, MA: Harvard University Press.

Sellars, Wilfrid. 1962. "Philosophy and the Scientific Image of Man." In *Frontiers of Science and Philosophy*, edited by Robert Colodny, 35–78. Pittsburgh, PA: University of Pittsburgh Press.

Shafer-Landau, Russ. 2003. *Moral Realism: A Defense*. Oxford: Clarendon Press.

Spinoza, Baruch. 1985. *The Collected Works of Spinoza*. Vol. 1. Translated by Edwin Curley. Princeton, NJ: Princeton University Press.

Stack, Liam. 2019. "Muslim Student Athlete Disqualified from Race for Wearing Hijab." *New York Times*, October 24. https://www.nytimes.com/2019/10/24/us/Ohio-hijab-runner.html.

Svavarsdóttir, Sigrún. 1999. "Moral Cognitivism and Motivation." *Philosophical Review* 108:161–219.

Tiberius, Valerie. 2008. *The Reflective Life: Living Wisely with Our Limits*. Oxford: Oxford University Press.

Tversky, Amos, and Daniel Kahneman. 1982. "Evidential Impact of Base Rates." In *Judgment under Uncertainty: Heuristic and Biases*, edited by Daniel Kahneman, Paul Slovic, and Amos Tversky, 153–160. Cambridge: Cambridge University Press.

Vasiliou, Iakovos. 2002. "Socrates' Reverse Irony." *Classical Quarterly* 52:220–230.

Vigdor, Neil. 2019. "School Security Assistant Fired for Repeating Racial Slur Aimed at Him." *New York Times*, October 18. https://www.nytimes.com/2019/10/18/us/wisconsin-security-guard-fired-n-word.html.

Vlastos, Gregory. 1991. "Socratic Irony." In Vlastos, *Socrates: Ironist and Moral Philosopher*, 21–44. Ithaca, NY: Cornell University Press.

Wainer, Howard, and Harris Zwerling. 2006. "Evidence That Smaller Schools Do Not Improve Student Achievement." *Phi Delta Kappan* 88:300–303.

Wason, Peter. 1960. "On the Failure to Eliminate Hypotheses in a Conceptual Task." *Quarterly Journal of Experimental Psychology* 12:129–140.

———. 1966. "Reasoning." In *New Horizons in Psychology*, edited by Brian Foss, 106–137. Harmondsworth, UK: Penguin.

———. 1968. "Reasoning about a Rule." *Quarterly Journal of Experimental Psychology* 20:273–281.

Wiggins, David. 1980. "Weakness of Will, Commensurability and the Objects of Deliberation and Desire." In *Essays on Aristotle's Ethics*, edited by Amélie Oksenberg Rorty, 241–266. Berkeley: University of California Press.

Williams, Bernard. 1978. *Descartes: The Project of Pure Enquiry*. Harmondsworth, UK: Penguin.

———. 1981. *Moral Luck*. Cambridge: Cambridge

University Press.

Wilson, Margaret. 1978. *Descartes*. London: Routledge.

Wolf, Susan. 2010. *Meaning in Life and Why It Matters*. Princeton, NJ: Princeton University Press.

Xenophon. 1979. *Memorobilia, Oeconomicus, Symposium, Apology*. Translated by E. C. Marchant and O. J. Todd. Loeb Classical Library, no. 168. Cambridge, MA: Harvard University Press.

致　谢

我们要感谢普林斯顿大学优秀的编辑、制作与营销团队，特别要感谢出版人罗伯·滕皮奥（Rob Tempio）和副主编马特·罗哈尔（Matt Rohal）。我们想要写一本受众面尽可能广的哲学书，希望它能起到一些好的作用。在本书撰写过程中，他们给予了我们鼓励、支持与专业意见，我们深怀谢意。

我们要特别感谢许多朋友和同事，有哲学专业的，也有其他专业的，人数太多，此处就不一一列举了。他们不仅在我们酝酿想法时耐心倾听，还提出了许多有价值的问题、评论和建议。显然，非理性是一个很容易吸引人的话题。身处卫生、政治和环境危机之中，就连最随意的闲谈——其中许多是在自行车座垫上进行的，我们骑行于威斯康星州的非漂流区，在连绵的山丘之间消磨上大半天——也是一个价值无量的机会,让我们能够梳理自己的想法,从新的视角看来理性和非理性观念与行为。最后,我们要特别感谢艾略特·索伯(Elliott Sober),他审读了本书的部分章节,提出了富有洞见的看法,以及我们的代理人安德鲁·斯图尔特(Andrew Stuart),他帮我们为本书找到了完美的家。